类比思维

アナロジー思考

[日]细谷功——著

孙晓杰——译

中国人民大学出版社

·北京·

图书在版编目（CIP）数据

类比思维 / ［日］细谷功著；孙晓杰译 . —北京：
中国人民大学出版社，2022.4
ISBN 978-7-300-30085-6

Ⅰ. ①类… Ⅱ. ①细… ②孙… Ⅲ. ①思维方法—通
俗读物 Ⅳ. ①B804－49

中国版本图书馆 CIP 数据核字（2021）第 259627 号

类比思维
［日］细谷功　著
孙晓杰　译
Leibi Siwei

出版发行	中国人民大学出版社	
社　　址	北京中关村大街 31 号　　**邮政编码**　100080	
电　　话	010 - 62511242（总编室）　010 - 62511770（质管部）	
	010 - 82501766（邮购部）　010 - 62514148（门市部）	
	010 - 62515195（发行公司）010 - 62515275（盗版举报）	
网　　址	http://www.crup.com.cn	
经　　销	新华书店	
印　　刷	北京联兴盛业印刷股份有限公司	
规　　格	148 mm×210 mm　32 开本	**版　次**　2022 年 4 月第 1 版
印　　张	5.5　插页 2	**印　次**　2022 年 4 月第 1 次印刷
字　　数	100 000	**定　价**　59.00 元

序言

"新的创意"从何而来

不仅做产品策划和新项目构思的人需要创意，大部分人多多少少都需要创意。创意并不神秘，很多新的创意是通过"借鉴、组合"而产生的。本书正是基于这个核心观点写就的。

那么，如何把已有的创意"借用过来"呢？本书提倡运用类比思维。创意的构思能力由两大要素构成：一是"拥有多样的知识和经验"；二是"把这些多样的知识和经验作为构思新创意的对象"。类比思维在第二个要素上会起非常大的作用。

杂学博士和创意大师之间的差距，就体现在是否拥有类比思维上。据说对夏目漱石和西田几多郎也产生了很大影响的19世纪美国哲学家、心理学家威廉·詹姆斯说过这样一句话，"类比能力是评判才能的最佳指标"。

类比思维是人们或多或少都会具有的思维能力，它的活用方式会因人而异。人与人之间的类比思维能力会有十倍，甚至百倍的差距。类比思维能力强的人会把所有的事情都关联起来思考，在把所有的现象作为输入（学习）对象的同时，也会把所有的现象作为输出（运用）对象。与此相反，类比思维能力弱的人会把所有的现象分开思考，认为"这个是这个，那个是那个"，不会把它们关联起来加以运用。也因为完全只从一点思考，不仅输出效率非常低，而且很难产生新的创意。

拥有了类比思维，在日常生活中就会注重事物或现象之间的关联。与此相反，如果平时不习惯进行类比思考，不考虑"关联性"，就会把一个一个的现象分开来理解。我们把"关联性"进一步组合、系统化后就会形成"体系"。所谓类比，就是透视隐藏在复杂现象中的本质，把它应用到其他领域。"透视本质"是类比的基本思考方式，也是本书想要介绍的关键方法。

与不具备类比思维的人相反，有些人习惯了浅层次类比，所以并不会有意识地对其进行体系化思考和深度解读。

本书的目的在于：揭示类比思维的机制，帮助大家在日常生活中有意识地、彻底地运用类比来"汲取精髓"。

类比虽然听起来通俗浅显，但解读人类的思维却是深奥且宏大的主题。本书不仅深入到类比思维的根本原理，而且关注"如何做"，注重将原理应用于工作中的这一实用性。相应地，本书介绍的类比思维方法也许不能即刻见效，但是应用范围广，有可能在很大程度上改变人们的思维模式。

类比思维与抽象思维紧密相关。把一个一个现象抽象化后，对其本质加以应用可以说是人类智能的基础，是高智力活动。以前的学校教育和企业教育一直没有把"抽象化"作为重点。本书欲通过弥补这一点，为激发人人具有的潜在能力（哪怕是一点点）贡献微薄之力。

本书的特点是列举数学、物理等科学领域和日常生活中的应用实例。因此，也希望大家把本书视作运用类比思维的"大脑体操"参考书。既然"直接模仿相似的东西不是类比"，那么比起马上就能"原封不动"地加以运用，本书想让大家从多种维度和视角掌握类比思维方法，希望每一位读者从各自的角度理解、思考和活用这些方法。

当今时代迎来了世界观大变革。从"以日本为中心的思维模式"到"全球化思维模式"，从"组织是主角"到"个人是主角"，从"均一性"到"多样性"，从"物理空间"到"虚拟空间"，从"封闭"到"开放"，从"硬关联"到"软关联"……因为形式各异，环境的变化要求我们不要分别应对一个个事物和现象，而是要进行大的体系变革。这样的时代首先要求我们不对单独的事物和现象进行具体讨论，而要进行抽象化的体系层面的探讨。类比思维能力就是进行抽象化的体系层面的探讨必须具备的能力。

本书的独特之处，我认为在于以下几个方面。

第一是以类比思维为主题，使用具体案例，深入、透彻地阐明类比思维的体系。市面上以构思能力为主题的书就类比思维进行过简要介绍，但以类比思维为主题，甚至深入到其基本原理层面的书几乎没有。

第二是阐述类比思维体系在工作及日常生活中的应用。类比作为认知科学和认知心理学的研究对象，频繁地被提及。但在工作之外，类比被认为是与个人能力相关的"艺术"，还没有建立起可以复制的流程及方法论。本书旨在成为沟通学术界与工作及日常生活之间的桥梁。

第三是为了便于理解，本书介绍了覆盖各个领域的通俗易懂的案例。这是因为本书想要把抽象化和"透视本质"的思考方式以读者能够理解的方式告诉他们，而不是希望他们原封不动地照搬具体的案例。这是笔者一贯的用意。

期待通过本书，"类比"能作为一个热门词扎根于生活和职场。在提出新点子之际，人们能将其作为"可复制"的工具推广开来。

细谷功

目　录

第1章
什么是类比思维？

类比是任何人或多或少都在使用的思考方式。"类比"就是"由类似的事物进行比较推测"。买了新衣服，但不需要重新学习"衣服的穿法"；去了一个新地方，也不需要从零开始学习，大多可以根据此前的经验通过类比顺利地推进一些事情；跳槽到新公司，只要还是类似的行业或职业，也不需要像新员工那样事事都要询问，而是会很顺利地适应新工作。

类比思维在机器人和其他动物中只能限定性地应用，只有人类能够高度灵活运用。类比思维是智能的根本。

我们平时不经意中使用的交流方法——"打比方"，是在说明新概念或新事物时，将之比喻成对方了解的概念或事物，加强其对未知概念或事物的理解。这也是类比思维的一种。

"隐喻"是更进一步的类比。隐喻有各种各样的形式，常见的是把在物理世界中使用的动词引申性地应用于肉眼看不到的抽象概念。例如，将"抛""扔"隐喻为"放弃"，将"让子弹飞一会"隐喻为静观其变等，这样的例子不计其数。

所以说，其实我们每天都在无意识地进行类比思考。

类比即联想

为了让大家对类比有一个基本的认识，我们先从一个简单的知识竞答开始。首先看图1-1，请大家思考一下未知组合中可以填的词。

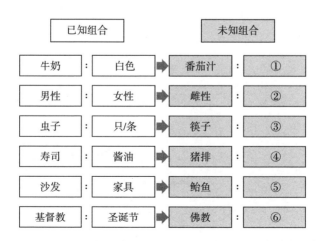

图1-1 类比的对应关系示例

　　答案是：①红色；②雄性；③根/双；④酱汁；⑤鱼类；⑥浴佛节。

　　解答这种问题时，我们的大脑中发生了什么？看到第一个组合"牛奶：白色"时，大脑会进行怎样的思考？人们一般会联想到白色是牛奶的颜色。

　　与"牛奶"对应的是"番茄汁"，那右边的方框中填入什么呢？左边的方框表示的是椭圆形中物品的"颜色"，所以右边的方框中应该填入番茄汁的颜色，即答案是"红色"，见图 1-2。

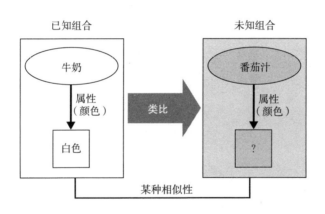

图 1-2　大脑中发生了什么？

　　我们再来看一个难度稍有提升的例子。在"沙发：家具"这个例子中，家具是沙发的"上位概念"（也叫属概念）。那么相对应的，鲐鱼的"上位概念"是什么？不难得出答案是"鱼类"。同样，对于其他问题的关联性，"反义词""单位""一般情况下添加的调味料""创始人诞辰对应的节日名称"这样的关系就会成为解答的提示。

就像这样，在我们的大脑中，把已知的知识和信息与未知的知识和信息进行关联性类比，就是类比最基本的思维模式。

如前所述，类比就是基于已知领域（亦称为"基础领域"），通过类比推导出有关联的未知领域（亦称为"目标领域"），如图1-3所示。

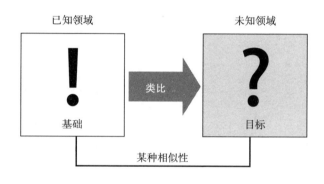

图1-3 什么是类比？

再稍做拓展，可以将横向类比视角变为纵向类比视角。在前面的例子中再增加两个相关项目，附加各种关联的话，就会形成更为复杂的类比关系。例如，通过观察基础领域中圆形、三角形、四边形各项目之间的关系，可类比得出目标领域缺少四边形，如图1-4所示。

若换个说法，类比就像是"填空题"。对照拥有同样构造的

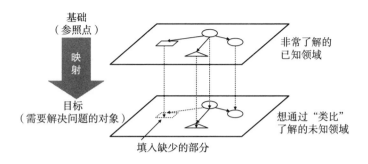

基础
(参照点)

映射

非常了解的
已知领域

目标
(需要解决问题的对象)

想通过"类比"
了解的未知领域

填入缺少的部分

图 1‑4　类比的原理

B 领域发现 A 领域缺少某部分时,就可以根据 B 领域中已有的同类事物进行类比,从而完成填空(回顾一下之前的知识竞答)。这就是类比的基本思维模式。在知识竞答中,只要挖出实际的"空",谁都能在某种程度上启动类比思考。但在工作和日常生活中,要想顺利完成遍布各种场合的"填空题",则需要接受一定的训练。本书将在接下来的各章中对此展开具体介绍。

在认知科学等领域,关于类比思维方式,已有很多学术研究。比如,前文图 1‑3 中的模型是德瑞·根特纳(Dedre Gentner)等人主张的"结构映射理论"(structure-mapping theory,SMT)。

综上所述,在目标领域发生的事情与基础领域相似这个前提下,就会形成新创意。

之后,大家就会明白,类比不是逻辑严格的演绎型推论,而是为了确立新的假说而进行的推论,未必能 100% 保证结果的准确性。从其他角度看，类比在一个新领域确立假说的时候能够发挥作用，在形成新创意时也能发挥作用。

类比自古以来就是一种人类智慧。从苏格拉底和亚里士多德时代开始，它一直作为人类智慧的呈现形式，以各种方式被活用。

另外，类比也被应用于物理学、工学、法律等各个领域。例如，物理学中的"波动"，往"水→音→光"不同对象发展，工学中"弹簧跳动"和"电气回路"的类比，以及法律中"案例"的类比。

实现创新和提出新创意需要通过类比，说明新概念也需要频繁利用类比。以前人类发明的新概念几乎都是基于已有概念进行类比说明的。

在工作中进行类比的三个目的

接下来，我们谈谈在工作中进行类比的目的及作用。

在具体的工作中，进行类比有"便于自己理解""便于给他人讲解""产生新创意"这三个目的。下面逐一解释。

便于自己理解

我们学习和理解新事物时，大都无意识地将其与自己已有的知识进行关联类比，想要借助它们加深理解。

比如，跳槽到新公司的小 A 在新公司学习工作流程（经费核算等）时，必定会把已知领域的知识巧妙地运用到未知领域中以加快理解。例如，关于票据审核，小 A 可能会想"在上一家公司，票据是怎么审核的"，见图 1-5。

换言之，小 A 会无意识地活用前一家公司的工作流程，并把它们运用到新公司的工作中，以此来理解新公司的工作流程。

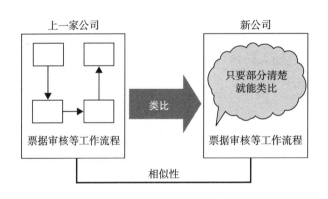

图 1-5　"便于自己理解"的类比

一般来说，刚走出校门的职场新人没有相似领域的经验，"票据审核"必须从零学起，所以熟悉新工作需要花费大量时间。而跳槽过来的非职场新人，尽管之前所处的行业和公司规模等与新公司有所不同，但他们或多或少都会有相似的经历，所以很快就能"达到要求"。这恰恰就是类比思维的功劳。

当然，如果学生时代有社团实践或实习的经历，也同样有所帮助。这也是活用类比的方式之一。

类比的应用并非只限于工作，学习、生活时也一样。例如我们新学一门语言时，之前的学习经验就能发挥作用，如单词和惯用表达的积累方法、语法的掌握方法、"读""写""说"的平衡。在应对人际关系时，我们也可以用过去的经验来处理现在的烦恼，以此寻求解决方案。

总之，人们会无意识地把以前的经验应用到其他领域，每天都在提高各种能力、增长各种知识。

便于给他人讲解

针对这一点，"打比方"就是典型的实例。

类比作为一种教育工具以各种形式被活用，相关书籍已出版了不少，此类研究也在不断取得进展。就具体的例子来说，在日常生活中，我们既可能是"讲解"方，也能是"被讲解"方。

思考一下，在什么情况下会使用"打比方"的方式？"打比方"就是在解说对方不熟悉的未知现象和概念时，将其与对方熟悉的已知领域进行关联，以此加快对方理解的手段。

因此，使用"打比方"的条件有三个：（1）待说明的现象与概念是对方未知的；（2）用于"打比方"的现象与概念是对方熟悉的（大多是对任何人来说都浅显易懂的知识和信息）；（3）待说明的现象与概念和用于"打比方"的现象与概念有很多相通之处。

产生新创意

我们对创意的由来做一个分解，如图 1 - 6 所示。

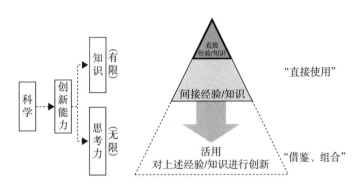

图 1 - 6　"产生新创意"的类比

创意从何而来？本书所讲的创意不是"从天而降"的，也不涉及"艺术"，而是以能够说明和复制的"科学"为对象。原因在于，"艺术"有时是作者本人之外的第三人无法理解的，即使能够理解，也是无法模仿的、极其个性化的。

其中，大家公认的最容易理解的创意来源，是自己曾经的经历和学过的知识。直接经验和知识的新鲜度高、有说服力，从"质"的角度来看无可挑剔，但在"量"这个方面，毕竟一个人的知识是有限的。

接下来要思考的是间接经验与知识，也就是从他人那里间接获得的经验与知识。和直接经验与知识相比，虽然间接经验与知识的"新鲜度"降低了，但数量有了大幅的增加。不过，到这一步也只不过是对先前经验与知识的直接使用，在新颖性这一点上有所欠缺。所以，如何活用上文所说的直接和间接经验与知识是创新的关键。与"组合"这个要素相同，"借鉴"这个要素也非常重要。

为什么非要使用"借鉴"这个词呢？因为人往往会坚定地认为，有关新事物的创意只能在同一行业中或者同一业务领域中产生，如果我们在这个限制条件下进行思考，源于"组合"的想法自然而然就是被限定的、陈腐的东西，通过"组合"只能实现量的提升。但是，基础的创意如果是从当前要思考的目标领域外引入的，创意的"质"和"量"就会有飞跃性的提升。这就是"借鉴"和"组合"的意义。

类比即借鉴力

我们通过一个实例来理解图 1-6。

假设要写一篇小说，主题是某人的半生。首先，这应该是谁都能写的。因为只要以自己为主人公，把自己的情况原原本本写出来就可以了。因为都是亲身经历，所以就算大家的记忆力有所差异，"因没有素材而头疼"的情况也不太可能发生（内容的好坏暂且不论）。

其次，主人公可以是熟人，或者以小说、影视剧中的人物为原型，把他们的经历原原本本地写出来。这时的对象范围虽然会大幅扩大，但依然局限在某个层面。而且，因为他人的所见所闻对我们来说大多是表面性的，在"深度"上远不及亲身经历，这是无法否认的。

最后是"借鉴"和"组合"。选取直接经历或间接听闻的各种人物特征，把它们像搭积木一样组合在一起，就能够刻画出一个新的人物，也不会发生"因没有素材而头疼"的情况。通过这样的组合，人物数量会极大丰富，同时每个人物还可以有不同的性格、外貌等特征。

读小说时马上就会想"主人公的原型是谁？"的人可以说还没有熟悉"借鉴、组合"这种思维方式。在日常的思考中就有"借鉴、组合"这种思维模式的人会认为，出场人物的原型"似有似无"。

以上虽然阐述的是"小说主人公"的创意构思之源，但不仅适用于小说创作，也适用于日常工作中的新项目和产品策划。

新创意就"好像以前在某处存在，但又是哪里都不曾有的"。

据说漫画家藤子·F. 不二雄的创作手法，是对深受感动的电影和小说进行"重新构建"。不二雄也说过，"我觉得这个世上的作品并非都是全新的，它们的创作不可避免地会受到已有作品的影响"。据说不二雄的代表作品"哆啦A梦"这个角色本身就是把猫、女儿、玩具三者合为一体塑造出来的，我们由此能够明白"借鉴、组合"的功效。

在我们所论述的"借鉴、组合"这种创新能力的构成要素中，类比思维如何发挥作用呢？"借鉴其他领域的见闻"便是类比。换言之，类比是一种"借鉴力"。常年在同一领域工作的话，不知不觉中，创意的源泉往往局限于"自己曾经做过的"和"同一行业中其他公司做过的"，渐渐就会失去创新的能力。这时，可以通过借鉴其他领域来实现创新。

"商务包"和"预算管理"的类比

前文我们对类比思维进行了简单的介绍。在详细介绍类比思维之前，我们先分析一个案例：在具体的工作中如何活用类比思维？

起——"场景设定"

佐藤宽之（以下简称"佐藤"）是A公司有5年工龄的员工。从刚入职起，他在分公司做了4年多的销售，上个月调入总部策划部。

佐藤销售业务经验丰富，但在经营策划方面完全是门外汉。一个月之后，他总算对概况有所了解。某一天，上司高宫科长让他重新研究预算制度。

　　A公司原本是从一个小的零件加工厂起步的，但拥有给某款高科技器械提供利基零件的技术力，所以全世界的这种零件都由A公司生产，该公司在该领域中占有压倒性的市场份额，业务遍布全球。随着公司的迅猛发展，各个分公司的内部管理架构亟须改变。

　　预算管理是其中之一。高宫科长所说的预算管理变革方案，简单概括就是以前"以部为单位"粗略地制订计划和计算业绩，而以后要转变为"以部之下的科为单位"，甚至还会"以更基层的项目团队为单位"。佐藤的任务是归纳总结前后几种预算管理制度的优缺点，以及待解决的问题，并提交给管理团队。

　　销售领域的专业知识，佐藤大致都清楚。但在预算管理这个领域，佐藤虽然也读了几本预算管理的书，但是没有完全符合这种情况的案例，因此该从哪里着手，他完全没有头绪。

　　"把'以部为单位'转为'以项目团队为单位'会有什么变化呢？我不由得觉得小单位可能会更花费时间，因为没有实际的工作经验，就不会有具体的认识。做销售的时候确实也有'预算'，但那只是'销售目标'之类的东西……"这些在佐藤的脑海中反复出现，令其大伤脑筋。

　　承——"与同事的对话"

　　这种状态持续了两天。也是为了缓解这两天的愁闷，佐藤第二天按时下班，回家途中想顺路去附近的图书馆。在公司电梯口偶然碰到同期入社的新条多佳子（以下简称"多佳子"）。新员工培训时，佐藤和多佳子是一组的，当时经常一起聊天，但之后完全没有联系。佐藤记得多佳子好像一直在会计部。

佐藤："多佳子，最近好吗？下班做些什么？"

多佳子："还可以。今天下班早，我想去健身房。"

佐藤："咦，你换包了？"

刚入职时，多佳子总是背着一个浅蓝色的大包。这是当时多佳子给周围人留下的最深刻的印象。今天多佳子背的包，虽然大小跟以前的差不多，却是一款更具职场女性风格的商务包。

多佳子："啊，去年换的。之前那个虽然还是很喜欢，但因为从学生时代就一直在用，就想换个更有上班族风格的。"

佐藤："咦，还是之前的牌子啊。"

多佳子："嗯，但是换成新的后才知道，商务包不仅在外形设计上不同，而且里面还有很多隔间；与之前的包相比，这款包应该说在各个方面都有所不同。之前的包只能将所有的东西一股脑儿放进去。"

佐藤："原来如此！"

多佳子："怎么了？"

佐藤："多佳子，你现在可以腾出大概 30 分钟的时间吗？"

多佳子："可以啊，健身之前还有些时间，但为什么突然要我腾出时间呢？"

佐藤："能陪我做个头脑风暴吗？就一会儿。我请你喝咖啡。"

多佳子："为什么突然做头脑风暴呢？不过，好久没和你聊天了，行吧。"

佐藤："路上我跟你说原因，其实是我现在工作方面的一些事情。"

转——"某个新发现"

佐藤和多佳子坐在车站附近的咖啡厅里。

佐藤："刚才说的那个……"

多佳子："总觉得你说的是突然有的一个想法，它跟刚才你说的预算管理有什么关系呢？"

佐藤："确实是突然想到的，把预算管理从统一管理转为模块化管理，这跟'把只有一个大口袋的包换成里面有好多隔间的商务包'是相似的。"

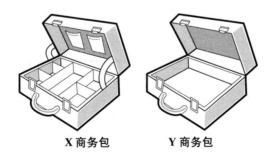

X 商务包　　　　　Y 商务包

多佳子："哈哈……原来如此。"

佐藤："所以，我想跟你一起总结一下这两种包各自的优缺点。"

多佳子："所以，你就突然想来个头脑风暴?"

佐藤："确实是这样，想听你聊聊使用这两种商务包的一些感想，看看能否在工作中借鉴一下。"

两人在桌子上摊开笔记本，总结了两种商务包的优缺点，如表1-1所示。

表1-1　两种商务包的优点和缺点

	X商务包（有很多小隔间）	Y商务包（只有一个大口袋）
X商务包的优点 Y商务包的缺点	（X商务包的优点） ·按照物品的用途不同，可放入最适合的隔间里，容易整理 ·物品容易找到	（Y商务包的缺点） ·没有隔间，物品难以收纳整理 ·物品不容易找到
X商务包的缺点 Y商务包的优点	（X商务包的缺点） ·用途不灵活 ·空间的浪费率高 ·不能装太大的物品	（Y商务包的优点） ·用途灵活 ·空间的浪费率低 ·可以装较大的物品
各自适用的情形	·收纳的物品细目和收纳目的明确时 ·物品较小时	·收纳的物品细目变动大时 ·物品较大时

佐藤："大致就是这样吧?"

多佳子："是的，我觉得大致就是这样。"

佐藤："总结一下，这款有很多隔间的商务包的优点是，物品的细目和收纳目的明确，物品容易整理和找到;缺点是用途不灵活，无法装太大的物品，空间的浪费率很高。"

多佳子："相反，只有一个大口袋的包可以装较大的物品，用途灵活；缺点是包里通常乱七八糟，物品难以整理和找到。"

佐藤："平时买包的时候不会想到这些。但仔细想想的话，就会发现这些优缺点，从而根据自己的需求来选择。"

多佳子："然后，我们要做什么？"

佐藤："我觉得，这两种商务包的比较结果，可以原原本本地类推到不同的预算管理制度的比较中。"

多佳子："你的意思是，以刚才的表格（表 1-1）为参照，做一个有关预算管理的版本，是这样吗？"

佐藤："是的，我们做一下看看吧。"

把刚才列出的两种商务包的优点和缺点，及各自适用情形的汇总结果直接套用到预算管理中，会出现什么情况呢？结果如表 1-2 所示。

表 1-2　"商务包"对"预算管理"的启发

	以项目团队为单位的预算管理	以部为单位的预算管理
优点、缺点、适用的情形、运用上的注意事项等	·各项目团队的任务明确 ·灵活性差 ·产生浪费 ·适合相对成熟的组织 ·为了减少浪费，中途需要监督组加入 ……	·各部的任务变动性大，既好也不好 ·灵活性强 ·容易进行大规模的投资 ·适合发展中的组织 ·易于进行果敢的大型投资 ……

佐藤："这样对比来看的话，我即使没有做过预算管理，也能够对统一管理和模块化管理这两种预算管理的具体方法以及优缺点有清楚的认识。"

多佳子："这个与商务包的类比真的太准确了。之前都没意识到，这样总结下来我也有了新发现。"

佐藤："比如说?"

多佳子："比如，我之前去意大利旅行返回日本时，虽然自己也觉得可能行不通，但还是把红酒放入行李箱上了飞机。"

佐藤："那可有点危险啊。"

多佳子："是的，抵达日本之后，在机场开箱一看，惨不忍睹……"

佐藤："酒都洒出来了吧?"

多佳子："确实，行李箱里的东西都沾上了红酒。也就是说，没有隔层就等于'一处出现意外，其他都会一起遭殃'，我觉得这在预算管理中也通用。"

佐藤："确实是这样的。我现在想的是恰当的'用途'这一点，即商务包的使用方法。当存放的物品确定时，尽管日常能装的物品会受到限制，但分成小隔间后物品的摆放会更整齐。"

多佳子："比如每天要随身携带的指定产品的清单，或有固定格式的报价单。"

佐藤："对对对。在预算管理中，业务类型在某种程度上已经相对固定的企业,比如产品固定且不太会销售奇特产品的传统企业,它们每个项目的预算相对清楚,所以'根据目的不同进行模块化管理'会更好。"

多佳子:"相反,如果绩效像风险企业那样时好时坏,预算还是统一管理更好。"

佐藤:"你说得对。再者,从人的性格来说,既有适合X商务包的人,也有适合Y商务包的人,对吧?"

多佳子:"使用X商务包的人应该是一丝不苟的人,而使用Y商务包的应该是粗心大意的或者不擅长整理的人。"

佐藤:"有道理。反过来也成立吧?不擅长整理的人,房间乱糟糟的。正因为如此,若不是商务包有各种小隔间,他们就没法整理好物品……"

多佳子:"哦,我懂了。如果是Y商务包,就不得不整理。这个道理放到预算管理中也适用吗?是说什么样的管理者适合哪种预算管理吗?"

佐藤:"是的。擅长细致管理的人在比较笼统的管理体系下也做得不错,但粗枝大叶的管理者在比较笼统的管理体系下管理表现欠佳。"

多佳子:"这两组例子的相似点越来越多了。"

合——"以创意具体化为目标"

佐藤根据之前的讨论结果,把要跟上司汇报的要点做了归纳总结，如表1-3所示。

表1-3 汇报要点（最终版）

	以项目团队为单位的预算管理（X）	以部为单位的预算管理（Y）
X的优点 Y的缺点	• 根据用途不同，预算可交由最合适的项目团队管理 • 各个团队的任务明确 • 用途明确	• 容易形成"糊涂账" • 各团队的任务不明确 • 用途不明确
X的缺点 Y的优点	• 目标不易变通 • 浪费多 • 不适合预算高的目标 • 运用自由度低 • 管理成本高	• 目标容易变通 • 浪费少 • 适合预算高的目标 • 运用自由度高 • 管理成本低
适用的情形	• 适合相对成熟的组织 • 为了减少浪费，中途需要监督组加入 • 管理需要时间 ……	• 适合发展中的组织 • 易于进行果敢的大型投资 ……
运用上的注意事项等	• 管理者人数增多，需要相应的增员措施 • 在财年中和月中用途发生变化时，需要订立灵活的预算运用计划 • 需要相应的对策应对"形式上用完预算"所产生的浪费	

首先把以"项目团队"为单位的预算管理的优缺点以及以"部"为单位的预算管理的优缺点参照商务包的使用经验，转换

成预算管理的语言。以"项目团队"为单位的预算管理制度的优
点是根据用途的不同，预算可以交给最适合的项目团队管理，各
个团队的任务及作为实现手段的预算使用能够可视化；缺点是分
模块的话，一旦做出决定，预算无法灵活用于其他用途，难以执
行大宗预算，结果可能出现没有用完的预算之类的浪费。另外，
也可以预想到管理者人数会大幅增加。

考虑到这种情况，再想想"有小隔间的商务包适用的情形"，
就会明白，适合按项目团队分开进行预算管理的组织，目标相对
明确且变动小、从事成熟的业务、透明度高，比如上市公司及政
府机构等。针对"空间的浪费率高"这个问题，在预算管理中，
这个劣势在预算期末会以强制用完预算的形式体现出来，所以为
什么会有"年度末的道路施工"，原因就非常清楚了。

由此来看，正好从成长期转到成熟期的 A 公司采取以项目
团队为单位的预算管理是没错的。针对这种预算管理制度的缺
点，必须提前采取措施。例如，为了使预算的运用更加灵活，需
要制订灵活的计划，即在财年中和月中能够根据实际情况变更预
算用途。同时也会出现预算不均衡的情况，即有的团队会强行花
完预算，而真正有需要的团队预算不够。对于这种不均衡，我们
也需要提前想好对策。

佐藤从"一无所知的门外汉"，到在这么短的时间里就能够
完成上司交给他的任务，可以说是归功于类比思维。

"商务包"和"预算管理"的类比案例总结

我们来总结一下从前述案例中学到的知识。

先来思考用"商务包"类比"预算管理"的案例。在类比思维中,一旦找到"本质上的共通点",向远处发散,就可以获取其他领域的知识。

发散也会有不同的"距离"。发散得越远,创意就会越新颖。具体例子见图 1-7。

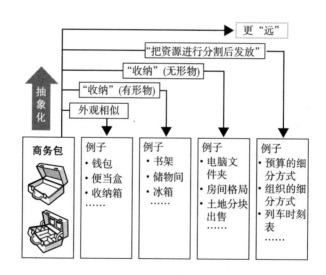

图 1-7　向远处发散的实例

以"商务包"为基础,在各种相似层面进行概括。从左侧起依次开始,最"接近"的是外观相似的东西,例如"钱包""便当盒"，或者各种"收纳箱"，这些（虽说材质和大小不同）都有外观上的直观相似点。

接下来把共通点稍微概括一下，从"收纳什么"这个层面来想想类似的东西，就会想到"书架""储物间"，或者"冰箱"。这些虽然在外观上与商务包不像，但相应的优缺点与商务包类似。

更进一步，就是对共通点进一步概括并将其抽象化。"收纳"的对象范围不局限于"有形物"，也可拓展到"无形物"。比如，假设收纳的对象是"电子文件"，电脑文件夹既可以"笼统收纳"，也可以"细分成模块"，在这个意义上跟商务包是相同的。

或者把"收纳"的对象设为"空间"，"土地分块出售"和"房间布局"也是同样的构造。再把"空间"稍做变通，也可以将其看作体育比赛中的"防守范围""负责范围"。于是，就可以做出这样的类比思考，即任务分配相对固定的运动就像"有好多小隔间的商务包"，任务分配相对模糊的运动就像"只有一个大口袋的商务包"。

安排餐厅座位（2人桌、4人桌等）也可以使用同样的思考方法。例如4人桌，人数正好的话是没问题的，否则就会出现"空座"，浪费空间。宾馆的房间类型划分（单人间、标准间、大床房等）和飞机的客舱座位安排也是相同的道理。

"商务包"的案例也适用于选举区。小选区和大选区不同。小选区的优势是代表特定地区的候选人更能反映与该地区密切相关的需求，劣势是"投给没有当选的候选人的票会增多"。大选区的优势和劣势与之正好相反，这与"商务包"的情况是完全相同的。

或者把"空间"这个词转为其上位概念——"可分割的资源"，"商务包"的案例也可以应用于"时间""金钱"这一类。"时间的分配方式"在各种日程管理、列车运行管理、航空管理中都适用。"商务包"的案例应用于"金钱"，这正好是"预算管理"。我们再延伸到"人"这种资源，可以类比出组织设计也是相同的道理。

这样类比下去的话，可能会发现社会中与"划分（有限的资源）"这个行为相关的领域都是互通的。由此看来，所有的经验都会对其他领域有所启发，就像本节中"商务包"和预算管理的例子，未知领域的知识可以通过类比思维来获取。

类比是双向往复

之前一直是通过概括化并抽象化，由商务包的案例发散到其他领域，其实也可以从其他领域向商务包设计领域"反向输入"创意。

比如对于"分模块的话，空间浪费就会增加"这种情况，在其他领域有什么解决办法呢？是否存在这样一种领域，空间的浪费会成为关乎生存的大问题？如果有这样的领域，那么与其他领域相比，它就会在克服空间浪费方面下更大的功夫。

想到"空间的浪费会成为关乎生存的大问题",我脑海中浮现的是酒店业和航空业。以酒店来说的话,就是"建筑整体"这个空间如何分配(可以分成单人间、标准间、大床房、套房这些房间类型);以飞机来说的话,就是如何分配经济舱、商务舱、头等舱。在这些行业中,"设施的利用率"和单价一样,对利润构成的影响最大,所以空间浪费最小化的对策会比其他领域的高明。换言之,因为把房间类型或者客舱进行了"模块化划分",所以只需思考"单人间客满但标准间空荡荡""经济舱满员但商务舱空荡荡"这种情况如何解决就可以了。

"免费升舱"和"免费升级房间"通常是这些行业采取的对策。那么商务包设计可以借用这种方法减少空间浪费吗?需要做这样的工作,即把"免费升舱(免费升级房间)"抽象化,向商务包设计领域"反向输入"创意。如果将其看作"调整划分界线",针对商务包的空间浪费也能找到"解决对策",即想要充分利用空间,就要把小隔间之间的分隔物做成可移动的。大会议室和宴会会场的划分方法也是同样的道理。

除此之外,其他领域的知识可以反向输入到商务包设计领域的实例还有以下这些。

从"停车场的空间划分"中可以获得"设计时需要考虑'动线'"这个经验。通过类比,我们再次发现,静态配置很重要,动态调整也很重要。

从"房间布局"这个领域也可以获得这样的经验，即房间的分隔方式体现了用户的生活方式，或者说需要根据生活方式的变化对其进行改进。也就是说，商务包中物品的收纳方式直接反映了这个人的行为方式和思路，所以日常中换新是必然的。

将其应用于收纳"无形物"的话，可类比"电脑文件夹的构成"。瞥一眼别人的电脑文件夹，可能会发现"别人做的文件夹初看很难理解"，会有这种情况吧？这是因为电脑文件夹的分类方法实际上反映了那个人的思路。于是很容易类比出这样一点，即完全适合某个人的商务包，其分隔方式反映了这个人的思路。

接下来思考一下商务包与书架及收纳箱的关联。"是整体统一使用还是分模块使用"与使用者是否擅长整理有关。越是不擅长整理、粗枝大叶的人，越会使用不分隔的商务包。另外，如果不擅长整理的人使用分隔的商务包，就必须强迫自己认同分类收纳是有效的使用方式。

这一点可以发散运用到先前的预算管理中，一丝不苟、比较擅长预算管理的经理和粗枝大叶、不擅长预算管理的经理也是一样的道理。也就是说，如果以比较小的单位进行预算管理，不依靠经理的天资也能实现一定水平的管理。在这个过程中，不擅长预算管理的经理的水平也可能会提高。

以上这些应用实例的共通点是，无论哪种类型，都各有优缺点。单选一方的话，在使用的过程中其缺点也会凸显出来，同时能够清楚地认识另一方。以这种方式在两者之间循环往复，可以推演出双方的特点及本质。

综上所述，类比思维就是用共通点在各种领域不断往复，把在一个领域的发现发散到其他领域，然后继续发散到别的领域，是一种发散式的思考方式。重要的是要有这样的习惯，经常这样思考，即"如果用目标领域的语言来表达对其他领域的见解，会是什么效果"。

强迫自己做出这样的思考：初看好像只能在这个领域使用的具体构思，应用到目标领域会是什么情况？很多时候，大脑中会浮现出意想不到的创意。

大家找到"敲骨吸髓"的感觉了吧？哪怕是只找到一部分。

小结

▶所谓类比思维，是指将不同领域的知识进行对比、关联、迁移的思维模式。

▶在工作中进行类比有"便于自己理解""便于给他人讲解""产生新创意"这三个目的。

▶所谓类比，就是从完全无关的领域"借鉴"构思。

▶与"商务包"和"预算管理"之间的类比一样，初看完全不同领域的构思，其实可以"相互借鉴"。

第 2 章
揭示类比的原理

上一章基于商务包和预算管理的案例研究，对通过类比思维在新领域进行构思做了阐述。本章想要揭示类比的原理，把类比"科学化"。

"科学"涉及很多维度，本书所指的"科学"是"解释事物"这个维度。那么，"解释"有什么样的意义呢？

例如，牛顿根据万有引力定律，用公式"解释"了物体落地的原理。但是，与这个解释无关，"物体落地"这个现象本身并没有发生变化。牛顿"解释"也好，不"解释"也罢，苹果都会从树上落下，月亮都会绕着地球转。那么，"解释"在满足好奇心之外还有什么意义呢？

最大的意义就是"应用"。因为推导出了运动方程，"苹果从树上落下""铅笔从桌子上掉到地板上""抛出去的球以抛物线坠落"这些都可以用同一公式进行解释。

"可解释"的优势是可以预测相同的动向，比如可以设计新的机器、工具，应对天灾等。其应用范围很大，很多时候与我们的生活直接相关。

作为"不明推论"的类比

实际上，类比不是严格的逻辑性推论。

科学性推论一般有演绎型和归纳型两类，但类比不属于任何一类。美国科学家、哲学家查尔斯·桑德斯·皮尔士认为，除了演绎和归纳之外，还有"不明推论"，后者是对科学发现起到最大作用的推论。"不明推论"就是"假说推论（联想法）"，也可以说是"不严谨的推论"。类比思维跟"不明推论"紧密相关。

《不明推论》（米盛裕二著）这本书指出，人类所进行的推论主要分为分析型推论和延伸型推论两种，代表逻辑性思考的演绎型推论相当于分析型推论，延伸型推论则是根据已有的经验、知识进行推论。延伸型推论主要包括归纳型推论和"不明推论"。归纳型推论是根据经验进行概括推理；"不明推论"是提出假说和理论，发现新事物。

三种推论的关系如图 2-1 所示。

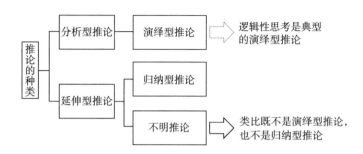

图 2-1 演绎、归纳型推论和不明推论

如前文所述，类比不是推导严谨且准确的推论。回顾第 1 章中的简单知识竞答就会明白，由"寿司：酱油"推导出的答案可以是"猪排：酱汁"，但这种推导答案不是唯一的（比如，"蛋黄酱"也不能说绝对不正确）。

同样，以复杂关系为前提的类比也不是唯一且绝对的，这在历史上也一直引发各种讨论。在严谨的理论中使用类比可能会存在逻辑不连贯的危险性。在不需要极度严谨的时候，例如理解复杂现象或者形成新创意时，类比则是非常有效的手段。这是活用类比的前提条件，本书的全部内容都是基于这个前提。

下面介绍通过类比思维来思考未知领域的过程。关于已知领域，人们有意无意都会在大脑中以某种认知模型来理解事物。在不断积累各种领域的经验和知识的过程中，人们把类似于"模板"一样的东西储存在大脑中，根据认知对象无意识地、巧妙地区分使用，从而加速理解。这个过程如图 2－2 所示。

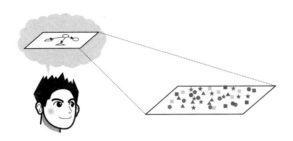

图 2－2 认知模型与认知对象

这被称为"认知准备"，是在人类的认知活动中不可或缺的。认识未知领域并进行新构思的时候，借用已有的认知模型进行理解，这就是类比，如图 2－3 所示。

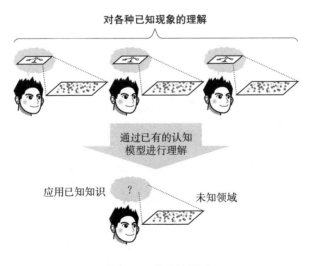

图 2－3 类比的原理

换言之，从其他领域借用的不是一个一个孤立的知识、信息或现象，而是对该领域已经形成的认知结构，即在理解多种知识、信息或现象时的"见解"。

类比的四个阶段

类比大致分为四个阶段，如图 2 - 4 所示。

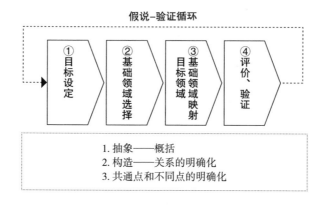

图 2 - 4　类比的阶段

第一个阶段是目标设定，即解决什么问题。使用类比是要做什么？是构思新产品还是进行预测？设定目标很重要，对该目标进行抽象化、把握本质特征也非常重要。

第二个阶段是基础领域选定。如前文所述，基础领域和目标领域相隔越远，就越有可能出现崭新的创意。

第三个阶段是基础领域映射目标领域，提供应对要素，获取目标领域的知识和见解。

第四个阶段是根据需要进行评价、验证。有时根据结果，最后还要回到第一阶段修正目标，重复上述过程。

这四个阶段就是假说-验证循环。

从何处"借鉴"？

前文说类比是"借鉴力"，那从何处借鉴呢？具体情况如图 2-5 所示。

现实		虚拟（互联网）
肉眼可见的世界（物理世界）		肉眼不可见的世界（精神/概念世界）
国内		国外
现在（未来）		过去
工作		休闲
女性		男性
大人		小孩
人		非人类（机器）
个人		组织
生活用品		办公用品
本行业		其他行业
……		……

图 2-5　从何处借鉴？

例如，从现实世界向虚拟世界的类比，就是互联网领域的常规手段。在计算机领域，"桌面""回收站"等就是典型的代表。这在让用户"直观地"感受实用性方面发挥了特别大的作用。

再调转方向，虚拟→现实这种反向输入的一个例子是"随机播放"功能。就像扑克牌洗牌一样，随机变换事物的排列顺序，把这一点应用到虚拟世界，就好比随机切换歌曲的播放顺序。

进一步概括现实⇔虚拟的关系，从物理世界到精神/概念世界的类比也相当广泛。例如，在物理世界使用的"扔""跑"这样的字眼有时会比喻性地用于精神/概念方面的表达，比如在日语中"扔"对应"放弃"，"跑"对应"急忙"或者"不听他人的意见，一意孤行"。这样的例子不计其数。

以物理活动映射精神活动，大力开拓精神世界，类比思维在其中做出了巨大的贡献是毋庸置疑的。以上述实例为代表，人类的物理行动几乎全部可以作为隐喻，用在"肉眼看不到"的行动和思考中。这是人类具备强大类比思维的最佳体现。

物理世界的表达几乎都可以相应地置换成精神/概念世界的认知和解释。这对人的思考方式产生很大的影响，与语言表达密切相关。

类比和隐喻的关系

前文中已经出现几次的"隐喻"是比喻这种修辞手法的一

种。它不是用"好像""似乎"这些比喻词把本体和喻体都展现出来，而是省略了比喻词，类似于"人生就是航海"这样的表达方式。下面介绍日常生活中我们所熟悉的隐喻，看看它和类比的关系。

我们在日常生活中会无意识地使用以下表达：

·榆木脑袋；

·追赶最新的潮流；

·没有对别人说的话加以消化就直接转述；

·即使跟他商量，他也总是冷若冰霜。

第一个例子，为了表达"思维不够灵活"，比喻性地借用了木头在物理状态下的"坚硬"这一特性。

第二个例子，"追赶"这个动词本来是用于描述类似追赶动物这种物理行为，对潮流也使用"追赶"这个词，实际上是一种比喻式的表达。我们很多时候都是理所当然地使用，根本没有意识到它们原本是物理性的表达。

大家可以好好观察一下身边的报纸、杂志以及常用的网站等，看看它们不经意间使用了多少隐喻性表达。你一定会发现，我们无意中经常"用表示物理性行为的词语来表达相关的抽象概念"。根据相似性，可将肉眼可见的物理世界映射到肉眼不可见的精神世界，如图 2-6 所示。

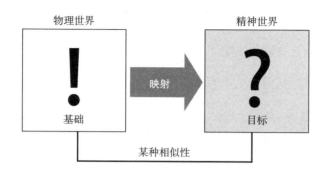

图 2-6 隐喻的过程

看一眼马上就会发现，这与类比完全相同。在语言表达中，把在物理世界使用的词语比喻式地延伸到精神世界，淋漓尽致地展现了人类智慧。隐喻不仅有"物理→精神"这种形式，也包含"物理→物理""精神→精神"等各种形式。

综上所述，隐喻是类比的一种，隐喻常常作为语言表达来使用。因此，注意观察作为语言表达已经在使用的隐喻就会发现，类比无处不在，我们也能够做出新的类比。

"整理房间"和"整理大脑"

接下来以"整理"这个行为为例，试着用类比把物理世界映射到心理世界。

物理世界的整理可以指房间的整理、资料的整理等。相应地，"大脑的整理"就是有逻辑性、有条理地进行思考。两者实际上非常相似，通过具体比较各个领域的现象就会非常清楚。

首先列举几个在物理世界的"整理"中常见的说法：

· 为了实现高效整理，需要准备合适的收纳箱；

· 重要的是要有意识地、持续性地、习惯性地进行整理，而不是一次了事；

· 如果在乱糟糟的环境中没有不适，就不会持续整理，也不会养成习惯；

· 要想实现有效收纳，毅然决然地"断舍离"非常重要。

这些也完美地适用于"大脑的整理"。"收纳箱"相当于"知识和信息的类别"。脑中有恰当类别的人会把各种知识和信息有效地"收纳"好，需要时马上就能提取（收纳箱与知识和信息类别的共通之处是根据用途区分使用）。

"不整理就觉得不舒服"是擅长逻辑性思考问题的人经常挂在嘴边的话。这句话在直觉上有难以理解的地方，但如果用"房间的整理"类比，就会成为直觉性认知的助力。要想使逻辑性思考习惯化，这一点很重要。

"大脑的整理"最重要的是"断舍离"，从房间的整理中也能学习到这一点。在进行逻辑性思考的过程中，"断舍离"非常重要。"断舍离"是指"舍掉枝叶"，即思考时断然摒弃本质上不重要的东西。其中，重要的是明确优先次序。能够明确回答"哪个重要"，在房间的整理和大脑的整理中都非常关键。反过来说，"哪个都重要"对任何一种整理来说都是禁忌。

综上所述，尽管"房间的整理"和"大脑的整理"在思考方式上"几乎相同"，但是世上既有"擅长整理房间但不擅长整理大脑的人"，又有"不擅长整理房间但擅长整理大脑的人"，把所擅长领域的知识和见解用到不擅长的领域中便是类比思维。

在《佐藤可士和的超级整理术》一书中，作者提出了这样的方法论，因为"空间""信息""思考"三个领域中的"整理"概念是相同的，三种整理方法也可以认为是相同的。这是类比思维的典型应用，以下是这本书中的经典表述：

> 我觉得世上的事物，其大小、形状、硬度等都各不相同，所以很难整理。设定类似于箱子的不同类别，就像把不同的资料分门别类地放入文件夹一样，外观就会惊人地整洁。箱子内稍微有点杂乱也没有关系。没有花费太多的精力，只要能够进行大致的分类，就能把握整体情况。

这段表述谈论的是物理上的空间整理，这与以结构性思考为基础的信息整理方式是完全相同的。

"男性与女性"、"大人与小孩"和"人与非人类"

下一个要介绍的借鉴来源是"国外"。不只是简单地"输入"国外流行的东西，也要理解构成这种潮流的各种因素，将其作为"体系"引入。

也可以将"女性"和"小孩"之间的类比借鉴到"男性"和

"大人"的对照中（也可以完全反向）。对比"男性"和"女性"，在产品开发中可以考虑把一般认为是女性用品的"化妆品""美容产品"引入男性世界。

在"大人与小孩""人与非人类"等之间也可以直接进行创意的相互借鉴。以产品开发来说，把办公用品的产品创意借鉴到对生活用品的产品构思中，或者反过来，把生活用品的产品创意借鉴到对办公用品的新产品开发中。一个例子就是夏普旗下的水波炉"HEALSIO"，原来只在酒店等行业中使用的水波炉面向一般消费者销售，结果大受欢迎。

将组织开发出的方法论用到个人身上，也是类比的应用之一。比如，企业使用的经营战略方法论也适用于个人。企业的目标是提高利润，旨在达到这个目标的品牌创建以及研发思路能直接用于个人；联合及开放式创新的想法也适用于个人；一个时代的成功体验就像一种资产，这种资产对下一代来说，有可能会成为负债，这种"创新困境"也适用于个人。这些相关事例将在第5章详细介绍。

工作领域知识和见解的借鉴来源，还要注意的一点是，相比从行业内借鉴，从其他行业借鉴更符合类比思维。在完全不同的领域中，也许埋藏着宝物。由此看来，就前面所谈论的"知识和经验"而言，不仅"量"的方面很重要，"质"的方面也很重要。"多样性"便是质的一个维度。

在领导力和人才培养这种跟"人"直接相关的领域，人们常常会借鉴本领域之外的体育界、传统艺术界的一些思维方式，因为它们都是与人打交道的领域，并且这些领域的结果也是由人来评定的。

借鉴凭借构思发展起来的领域

正如前面所介绍的那样，存在各种各样可以"相互借鉴"的组合。下面介绍什么样的领域作为借鉴之源最合适。

图2-7列出了一般情况下可借鉴的领域。首先，用于"自己理解"的类比和用于"给他人讲解"的类比，对应的是从熟知的领域借鉴未知领域的创意。

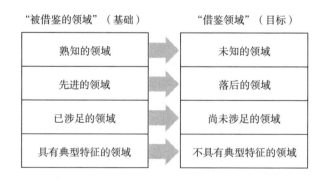

图2-7　从先进的领域借鉴

用于"产生新创意"的类比，一般从先进领域向落后领域类比是非常有效的。例如，管制宽松的"先进行业"与备受管制的"落后行业"相比，其控制成本的要求要高一些，因为"先进行业"降低成本的措施大多比较有效，所以可以进行创意的"进出口"。

行业之间创意的"进出口"与贸易的进出口相同，不是单方向的进口或出口，而是相互输出。根据行业的不同，既有储备物流知识的行业，也有储备研发经费管理知识的行业，还有储备网络广告知识的行业等。不同行业因企业固有成功的主因不同而不同，某个行业可以从其他行业借鉴先进的方法。

在用于"给他人讲解"的类比中，可以考虑把已涉足领域的创意用于尚未涉足的领域。"打比方"就是典型例子。用于打比方的喻体越浅显易懂，就越有助于理解本体。

最后是把"具有典型特征的领域"的创意借鉴到"不具有典型特征的领域"。比如，其中之一就是把直接表达感情的孩童世界的想法借鉴到成人世界。

孩子往往毫不隐讳地直接表达情感，所以他们的反应非常容易把握。比如，看到新玩具喜笑颜开并沉迷其中，不一会儿就又玩腻了并转向其他的玩具。在成人世界里虽然不会这么典型，但因为人的本质通常不会改变，所以我们由此得出这样的结论：为了保持员工的工作热情、提高员工的积极性等，我们需要做出不使之厌烦的努力。

类比即"填空题"

第 1 章已经提到过，类比犹如"填空题"，如图 2 - 8 所示。具有相似性的两个领域之间，通过把先进的部分借鉴到落后的"空白处"来互通有无。回顾第 1 章的"商务包与预算管理的类比"这个案例就能够理解。

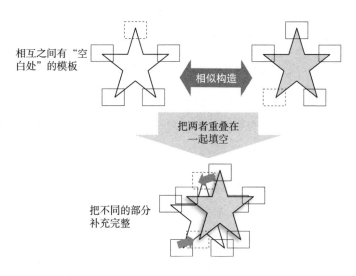

相互之间有"空白处"的模板

相似构造

把两者重叠在一起填空

把不同的部分补充完整

图 2 - 8　填空题

也就是通过把从熟知的"商务包"领域获得的各种知识与见解应用于未知的、完全空白的"预算管理"领域，来促进和加深对未知部分的理解。也就是找出各种领域的相似性，在它们之间互通有无，增加各种知识和见解。

工作的根本就在于"发现并消除分布不均"。找到"需求"与"供给"之间的差距，思考相关的业务模式。例如，如果是"有需求才有供给"（比如，基础技术等），就把供给商品化；如果是"虽然有供给但是没有需求"，就把潜在的需求具体化、收益化。

贸易可以说是消除分布不均的典型代表。通过互通有无来"消除分布不均"，这叫作"套利"，也能推广到各种交易中加以思考。套利是某个地方与另一个地方之间存在商品和信息分布不均的时候，为缩小差距所进行的交易。这原本是在利用价格差和利息差赚取利润的金融交易中经常使用的术语。

类比思维在某种意义上就是"套利"这种思考方式的应用，也可以称为"智慧套利"。发现在先进领域存在，但在有同样构造的落后领域却不存在的东西，并填补这个空白，这对落后领域来说就是新的创意。这就是类比思维的根本。

虽然使用了"先进""落后"这样的表述，但这并不代表类比是创造性不高的思考方式。发现不能简单意识到的在构造方面相似的领域，就已经很具有创造性了。这样一来，通过"套利"，在其中一个领域必定会有某种新发现。

决定类比价值的"借鉴距离"

也许有读者会认为，类比只是"抄袭"（模仿别人）。那么，

"单纯模仿"和类比有什么不同呢？在此应该考虑"借鉴距离"。"被借鉴的领域"有各种类型。从谁都了解的相同领域简单地借入就是"抄袭"，但如果是从谁都不曾发现的"远处"借鉴，创意的新颖性就会有所增强。

比如，就新产品开发而言，直接引入现在市场上出现的竞争产品是最简单（距离近）的方法。借鉴同行业的其他企业，如国外企业，创意就进了一步。再进一步，借鉴类似的其他行业、初看完全不同的行业甚至工作之外的领域（越来越远），创意的新颖程度就会呈指数级扩张，这一点是不难想象的。

由此看来，读自己当前所在领域的"业内报纸"，即使能够"简单模仿"，也很难从中直接产生崭新的创意。崭新的素材更有可能藏在其他行业以及与工作没有关系的信息源中。即使可以验证由"业内报纸"想出的方案不是陈腐的，在创造性构思上也很难有较大的突破。

那么，"借鉴距离"到底是什么呢？可以说是直观上距离近的东西或距离远的东西，但类比思维所需的是把"初看很远，实际上很近"的世界连接起来的能力。那么，"初看很远"是什么意思呢？"实际上很近"又是什么意思呢？我们将在下一章具体阐述。

作为"缩影"的类比

经常会听到有人这样说，"××就是××的缩影"。比如，人们会使用"旅行就是人生的缩影"这样的表达。这也是一种类比。换言之，从构造这个视角来看，把现实中复杂的世界简单化就是"缩影"。"缩影"这个构造性关系也是产生类比创意的过程中很重要的一种关系。

笔者在《锻炼地头力》中，将其作为锻炼"地头力"的工具，介绍了"费米推论"和"地头力"，说明"费米推论"正是"缩影"这种构造性关系的体现。也就是说，费米推论的意义不仅在于进行概算，而且是作为所有问题的解决方案的缩影，需要活用假说思维能力、架构思维能力、抽象化思维能力等多种思维能力。其中，构造相似是核心，本书的创意本身也是类比产生的。

小结

▶类比是与演绎型推论和归纳型推论不同的"不明推论"（假说推论）的一种。

▶所谓类比，就是从不同领域"借鉴"创意的方法，借鉴的来源包含各种领域。

▶被借鉴的领域（基础领域）和借鉴领域（目标领域）相距越远，就越能得出崭新的创意。

▶类比宛如"填空题"，可以用在一个领域中获得的知识和见解去应对其他领域，并获取新的知识和见解。

第 3 章
类比的基础是寻找"结构性相似"

　　在这一章，我们来思考一下类比思维必需的"结构性相似"这一概念。把类比中使用的基础领域和目标领域联系在一起的是某种"相似"。也可以说，找出某种"相似"是类比思维的基础。

　　类比的核心是如何从远处借鉴创意。因此，需要的是把"初看不同，但实际上相似"的两个领域联系在一起的能力。"初看不同，但实际上相似"是什么意思呢？实际上，这体现了人类智慧——"锁定相似事物"的能力。

"相似"是什么？

　　类比的基础是寻找不同领域的共通点。我们平时不经意间所进行的"寻找共通点"这个行为，实际上细想一下会有各种类型和层次。在类比思维中，需要在共通点中寻找特别的共通点。

　　例如，我们说"同一工作单位的小 A 和小 B 很像"，是"相貌像"还是"声音像"？抑或是"说话方式像"？还有可能是"兴趣爱好像"。这些是比较容易直接识别的。再深入一些的话，可能是"家庭构成"相似，"训斥下属的方式"相似，或者是"开展工作的方式"相似等。这类必须深入交往后才能看出的相似点，我们还可以想到很多。

　　通过人与人之间的比较，可以想到这么多的相似点，所以我们不难想象，就更加复杂的"民族""语言"等而言，我们也能想到多种相似点。

　　接下来，我们将稍微详细地考察活用类比思维所需的相似。

"表面性相似"和"结构性相似"

　　我们在日常生活中无意间使用的"相似"大致有两种，在类比的过程中需要把这两种区分开。本书分为"表面性相似"和"结构性相似"两种。进行类比所需的是"结构性相似"这种思考方式，重点是要意识到它与"表面性相似"不同。所谓"表面性相似"，是指属性层面的相似。"外貌相像"就是属性层面相似的典型例子，比如长相和体型等外貌相像的兄弟姐妹。

　　所谓"属性"，就是"外貌""声音""颜色""名称"等事物所具有的性质。属性层面的相似可以直接用眼睛和耳朵捕捉到，因此是任何人都可以意识到的。用"近"这个观点来说的话，可以说是相对近的相似性。

与之相反，所谓"关系/构造层面"的共通点，不是属性层面那种一个一个具体对象的相似性，而是把它们两两组合时相互之间的"关系"，或对象为三个及以上时"结构"的相似性。换言之，"点"的相似性是属性层面的表面性相似，"线"和"面"的相似性是结构性相似。表面性相似和结构性相似的比较如表3-1所示。

表3-1　表面性相似和结构性相似

	表面性相似	结构性相似
发现的难易度	容易发现	较难发现
相似的程度	属性层面	关系/构造层面
相似的复杂性	简单	复杂
比较对象的数量	1个	2个及以上
由什么找出共通点？	各个对象的性质	2个对象之间的"关系"和3个及以上对象的"结构"
类比的对象？	否	是

如表3-1所示，作为类比对象进行思考时，在构造相似的领域，类比中所谓的"借鉴"不是表象上的借鉴，而是"结构性和整体性"的借鉴。

接下来，我们进一步考察关系/构造层面的共通点。

哪一个相似——"猫狗"练习题

在此，我们通过一个练习把握"表面性相似"和"结构性相似"层次上的不同，请看图 3－1。

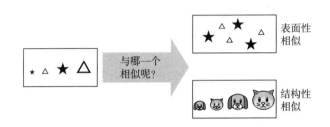

图 3－1　"表面性相似"和"结构性相似"层次上的不同

与左侧图形相似的是右侧图形中的哪一个呢？

两个都是正确答案。问题在于"相似的层次不同"。图 3－1右上方的图形和左侧图形是"属性层面"的相似。也就是说，它们都包含"黑色五角星"和"白色三角形"。

与此相对，我们把目光转向关系/构造层面的话，就会发现正确答案是"猫狗"排列图。虽然每一个图形并不太相似，但如果能看出每个图形"在同一直线上等间距交互排列，依次增大"这种"结构一致性"，我们就能够再次认识到，我们的大脑在无意识地进行这种结构的读取。

但是，这还是视觉上容易看出的结构。在更为复杂且较难直接看出结构的领域拥有何种程度的结构性思维，是能够把类比思维灵活运用到何种程度的关键。

何谓"结构性相似"？

"结构性相似"与"表面性相似"相比，不是侧重于简单的属性，而是侧重于关系/构造这种抽象性事物的"上位概念"。下面，我们举几个具体的例子。

"商务包"和"预算管理"的结构性相似

在本章中，我们再次思考第 1 章中"商务包和预算管理的类比"这个案例。我们如何理解其中的"结构性相似"呢？如图 3 - 2 所示。

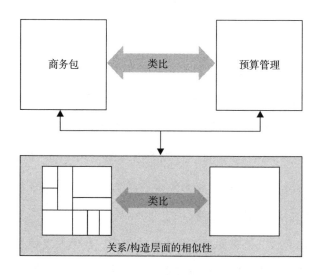

图 3 - 2　"商务包"和"预算管理"的结构性相似

如图 3-2 所示，对商务包和预算管理而言，在划分相同空间时，大致都有两种方式，其一是"模块化管理"，其二是"统一管理"。实际上，不是数字上分为两种，而应该是有连续性的各种类型，并区分用途。

"结构层面有共通点"的智力竞答题

下面先看一个寻找"结构层面共通点"的竞答题，如图 3-3 所示。

"?"所在的四边形中填入什么是最恰当的？先从属性层面来考虑，能够想到的一种答案是"23"，因为 A→2，B→3，所以 AB→23。

不过，这个答案没有使用 O→1 这个"提示点"，因为无论与 O 对应的 1 换成什么数字，答案都是 23。这显然不像智力竞答题。

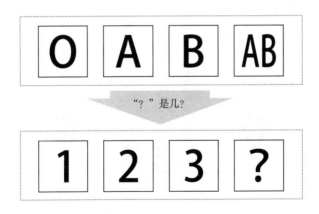

图 3-3　"?"处应该填入什么？

那么，应该如何找出答案呢？可以从结构性思考这个概念入手。思考 O、A、B、AB 这四者之间的关系。这需要读取隐藏在它们之间的某种"信息"。由"O、A、B、AB"马上能够想到的是血型。接着思考这样一个问题：它们之间的"关系/构造"是什么？如图 3－4 所示。

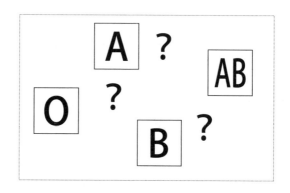

图 3－4　它们之间的关系/构造是什么？

"提示点"如图 3－5 所示。

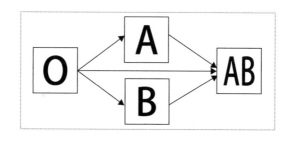

图 3－5　血型之间关系的示例

由图 3-5 可以看出，"O 型血的人可以给 A 型血的人输血，但是反过来不可以"。"AB 型血的人可以接受来自所有血型的人的输血"（注意，实际上几乎不会进行不同血型的人之间的输血）。

以图 3-5 的"提示点"为基础，重新思考图 3-3 中智力竞答题的答案。这次，我们运用类比思维，如图 3-6 所示。

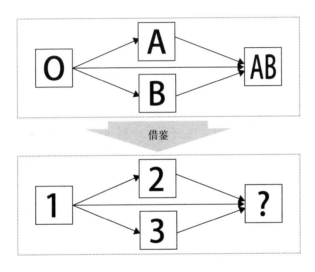

图 3-6　"关系/构造"的借鉴

借鉴血型之间存在的"关系"，不过，数字与血型不同，不能直接使用"可以输血吗？"这个原本的含义，需要考虑其他的含义。比如，"X→Y"关系中，箭头含义为"X 是否是 Y 的约数？"。这样想的话，答案就非常清楚了。由此可以推出"？"所在的四边形可填入"6"（准确来说，只要是 6 的倍数就都可以，"12""18"

也都是正确的。这里取最简单的，所以答案暂且定为"6")。

这就是借鉴"结构关系"。仅凭外观无法马上理解的现象之间的关系，凭借其本质——"思考的基本模式"可以找到答案。通过这个智力竞答题的例子，大家都理解了吧？

透视"投币式自动存放柜"的结构

接下来再举一个"透视结构关系"的例子。这次的对象是"投币式自动存放柜"。投币式自动存放柜与字面意思不符，人们不是投入硬币，而是采用电子支付，而且这种支付方式迅速普及开来。这种设备的收费方式的变化给其他领域的某种"关系/构造"也带来了变化。

可以联想到的是"排队方式"。在快餐店及售票厅等多个窗口排队等候时，排队方式大致有两种，如图3-7所示。

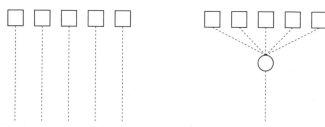

· 排队的人有"运气好坏之分"　　· 等着叫号就行
· 一定要按照排队顺序提供服务　· 可以高效地控制工作状态

图3-7　"排队方式"的两种类型

近年来，图 3 - 7 中右侧的排队方式在各种场合都有所增多，因为这种方式可以消除排队时出现的运气好坏问题，还可以把"窗口"的工作调整到最佳状态。

其实，投币式自动存放柜的"支付电子化"带来的一个变化就是"窗口一体化"。因此，在发生"排队方式变化"的同时也发生了其他变化，比如"排队时出现的运气好坏问题会消失"等。这种变化在黄金周这种人特别多的时候会更加显著。

这样的例子都是身边的小变化，其他通过"技术发生变化"体现"发展（即关系/构造）发生变化"的实例也可作为参考。

"投币式自动存放柜"这个例子，有代表性地体现了"随着软硬件内在功能和软硬件本身结构的变化，人的工作流程也会发生变化"。

结构的重新布局一直是由各种软硬件的更新引发的，大部分用户对这一点通常毫无意识，即使自己的工作流程相应地发生了变化，也往往不会注意到。"透视结构关系"的潜在优势存在于其中。

"物理性构造"和"功能性构造"分离

"投币式自动存放柜"这个例子清楚地阐述了技术变化会带来结构关系的变化。下面介绍某个硬件的"物理性构造"（如投币式自动存放柜构成包括"收纳箱""钥匙""投币箱"等）和

"功能性构造"（如"收纳""上锁""收费"等）通过技术革新进行重组的典型例子，如图 3-8 所示。

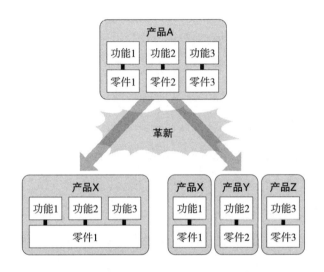

图 3-8　通过革新进行的物理性/功能性构造的重组

通常我们会坚定地认为我们所使用的机器及产品功能性与物理性构造是一体的，但通过某种技术突破后，功能性构造和物理性构造就可能实现分离，然后进行重组。

云计算发展所带来的个人机算机的功能性和物理性构造分离是其中一个例子。换言之，"数据存储"及"应用软件"从各台计算机中分离出来了。细细想来，这适用于从主计算机到客户服务器及云端这样的 IT 体系改革。

反过来，用胶片相机照出来的照片需要到照相馆冲洗，用数码相机照出来的照片则可以在打印机上打印出来,这是一个把以前分离的功能通过技术整合到一起的实例。

如果能够透视这种构造变革,在某种程度上就可以预测现在极其繁荣的产业通过革新将会发生什么样的变化。

所谓"工作的构造",即其各种表现形态

工作通过各种"流动"实现。"人""物""资金""信息"的流动,可以称为"工作的构造"。"物""资金""信息"等的流动,即"物流""资金流""信息流"等,简言之就是工作所涉及的各种表现形态。

在种种表现形态的基础上,各种要素的构成比例也是思考"工作的构造"时需要考虑的重要因素。例如,客户构成比例(组织、个人等)、价值链中各个阶段的重要性排序(研发、销售、物流等)是划分工作的构造的决定性要素。

关键不在于各种流动对象的属性,而在于它们之间的相对关系。因此,这里所讨论的工作的构造在同一个行业不成立,第 4章将详细阐述。

所谓的"流动",可以认为是"从出发地到目的地这样的一种关系",所以它们的组合就是独一无二的构造。

关系/构造的基本类型

为了使大家能够理解关系/构造的基本类型，举几个透视内部构造的重要示例，如图 3 – 9 所示。

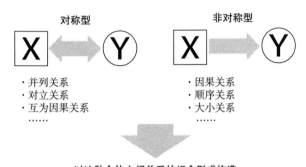

图 3 – 9　两者之间关系的示例

我们考察两者之间的关系时，大致可以将其分为对称型关系和非对称型关系。对称型关系有并列关系、对立关系、互为因果关系（所谓的"先有鸡还是先有蛋"）等。与之相对，非对称型关系包括因果关系、顺序关系、大小关系等。

对两者之间的关系有所认识，在日常生活和实际工作中就能区分"因果关系"和"互为因果关系"，有助于更好地生活和工作。比如，"胖"与"多吃"的关系、"不把任务分派给他"与"下属不会成长"的关系是因果关系还是互为因果关系，根据解释的不同，对策也会有所区别。

关系的应用即构造

接下来考察"集合关系"，如图 3 - 10 所示。这种关系一般有三种类型，用"维恩图"表示。

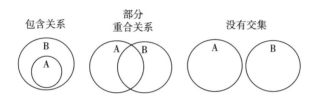

图 3 - 10　"集合关系"的示例

第一种类型是一方（假设为 A）完全被另一方（假设为 B）包含的关系。这用逻辑学的语言来说就是"A 是 B 的充分条件，B 是 A 的必要条件"。

第二种类型是部分重合的关系。在这种类型下，又可以细分为既属于 A 又属于B、属于 A 但不属于 B、属于 B 但不属于A、既不属于 A 又不属于B 这四种情形。

第三种类型是两者完全没有共同部分的关系。

如前文所述，本书把三者及以上之间的复杂关系称为"构造"，如图 3 - 11 所示。

统合/分解   循环   顺序
              （三者互相牵制）

图 3 - 11　"构造"的具体示例

首先，"树形图"是典型的"构造"。一个树形图，既可以表示分解、分类，也可以表示一种现象有多种原因这样的"因果关系"。

其次，针对两者关系中所说的"先有鸡还是先有蛋"的问题，这种更为复杂的关系被称为循环构造。

我们常说的"恶性循环""良性循环"是循环构造的体现。比如，针对产品研发，可能会出现"产品 A 的研发进展缓慢→资源一直不能分给 A 产品→怎么也无法开始下一个产品 B 的研发""下一个产品 B 的研发推迟"这样的情况。

针对这种循环型因果关系，正因为很难简单地找到"只要搞定这里就能解决问题"这样的关键点，所以很难采取对策。这时需要先明确结构图，之后再找出综合性对策。

最后一个例子是"顺序关系"，在工作中常见的例子是"价值链"及"计划—实施—评价"等顺序性工作流程。

"爱好相同"也分两种

人们经常会使用"和那个人爱好相同"这样的表达，其中可以认为有两种相似性。例如，两人都有"赏析"这个爱好时，可以认为两人"有相同的爱好"吗？同样是画作，喜欢具象画和喜欢抽象画几乎是不同的爱好。

因此，无论在什么领域，关注具体层面和关注抽象层面的研究方法是不同的，初看有相同的爱好，但价值观有时候大相径庭。反之，初看是不同的爱好，但在构造层面相同，也能共享价值观。

研究"相同"和"不同"的层面

在前文中，我们阐述了属性层面的"表面性相似"与关系/构造层面的"结构性相似"这两种相似。

这两种相似的关系如图 3 - 12 所示。

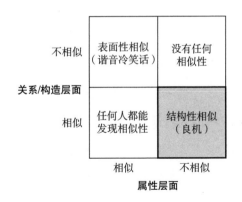

图 3 - 12　"表面性相似"与"结构性相似"的关系

右上方是"属性层面和关系/构造层面都不相似"的情形，

与类比无关。但是，对于"关系/构造层面相似"，需要特别质疑"真的没有共通点吗？"。因为有时会漏掉不流于表面的共通点。

左下方是"属性层面和关系/构造层面都相似"的情形。此时，任何人都会觉得两个对象"非常相似"，比如"同行业的日本大企业之间"往往就是这种类型。因为谁都觉得它们构造相似，属性也相似，所以也与类比无关。

左上方是"属性相似但关系/构造不相似"的情形。代表例子是日本社会上说的"谐音冷笑话"。

考虑谐音冷笑话的特征。把初看好像没有关系的词语关联起来这一点好像跟类比相似，但考虑前文所说的"相似层面"的话，两者的区别就非常清楚了。谐音冷笑话仅仅是抓住了"发音"，即属性层面简单的相似点，没有找出关系/构造层面的某种共通点，从某种意义上来说是跟类比对立。

以前日本企业信奉"同行业其他企业的案例"，总是注意与同行保持一致、关注欧美企业。在环境变化急剧、看不到未来的现如今，如此发展起来的日本企业需要注意的是，同行业其他企业犹如"谐音冷笑话"。换言之，销售的产品尽管表面上相似，但企业的业务构造与社会构造与其模仿的对象实际上可能会有很大的不同。例如，向新兴国家出口的产品就是例子。

右下方是"属性不相似但关系/构造层面相似"的情形，即结构性相似。在这种情况下，因为不存在表面性相似，所以初看时其相似性难以发现，但实际上存在关系/构造层面的相似性。
对于这种相似性能够发现到什么程度，是可以把类比思维活用到
何种程度的关键。

英语和日语的共通点与不同点

何谓相似？针对这个问题，我们可以比较一下英语和日语。
如图 3-13 所示。

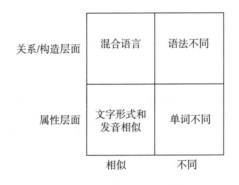

图 3-13　英语与日语的相似点与不同点

首先考虑属性层面。从单词来看，英语和日语不存在相似
点。从文字形式和发音来看，英语和日语存在相似点。例如，从
文字形式的角度来说，"c"和"つ"、"J"和"し"有些相似，
虽然有点牵强，但这就是相似点。从发音的角度来说，"kei"
"rei"这样的音虽说是一种偶然，但却是抽象层面的相似点。

接下来，我们考虑关系/构造层面。首先考虑语法。语法体

现了词语的排列顺序，也会对关系进行概括并展示出来。就语法的不同而言，首先能够举出的是主语、宾语、动词的顺序不同。就宾语和动词的顺序而言，英语一般是动词→宾语，与之相对，日语是宾语→动词。

最后我们来看看类比思维中最重要的"关系/构造层面相似"。此处我们考虑的是稍微隐蔽的共通点，而不是谁都容易发现的共通点。

请看图 3-14。

图 3-14　英语动词词组的考题

在日本的大学入学英语考试中，英语动词词组的介词填空题很常见。表达同一个意思时，在英语中有两种方式，即"比较简单的动词＋介词"和"比较难的单词"这两种方式。

在日语中也存在同样的"双重构造"。"音读和训读"就是双重构造。训读是比较柔和、简单的表达，与之相反，音读则是比较正式、生硬的表达，这一点也与英语相同。

与图 3-14 对应的日语表达见图 3-15。

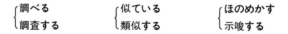

图 3-15　与图 3-14 对应的日语的双重构造（音读/训读）

由这种构造层面的相似可以获得几个新发现。备考对策最开始这样定位：针对相同的意思需要记两种英语表达方式，即正式的表达方式与非正式的表达方式。日本人学习英语时对非正式的表达方式掌握得不太好。同样是去吃饭，学习日语的外国人能够理解"ご飯に行きましょう"（去吃饭吧），但可能不理解"めしに食おうよ"（去吃饭吧）。

为什么在这两种语言中都存在双重构造？回顾一下两国的历史就会明白，如图 3 – 16 所示。

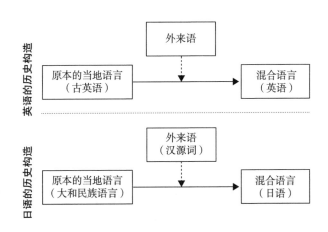

图 3 – 16　英语与日语的历史构造相似点

随着 11 世纪法国的入侵，法语及拉丁文化和语言进入英国，后来与英国原本使用的古英语相结合，最终形成如今的混合语言。

日语也是在大和民族语言这种没有文字的语言的基础上，随着汉源词的引入，形成了混合语言。

总而言之，如果理解了两种语言在构造方面的相似点，就可以通过类比加强对其中一种语言的理解，这是运用类比加强对某个领域的理解的具体实例。

猜谜和类比的关系

下面，我们来看看在日本广为流行的语言游戏——猜谜。从某种意义来看，猜谜也是类比思维的一种。下面，我们考虑类比与猜谜的共通点和不同点。

猜谜在找到某个事物与另一个事物的共通点这方面与类比非常相似。那么，类比与猜谜有哪些共通点？又有哪些不同点？

猜谜与类比的共通点包括：

· 找到初看似乎完全没有关联的两个事物的共通点并把它们联系起来；

· 它们之间的距离越远，换言之，意外感越强，作为创意的新鲜度就越高。

两者的不同点，也就是猜谜的特殊性。猜谜比较的都是"语言"这个单一对象，类比比较的是多个对象的"关系"。

另外是相当于"谜目"的共通点，通常是两个词语在属性（发音）上比较接近，即表面性相似。从这个角度来看，猜谜与谐音冷笑话是相同的。

不过，猜谜有时也会有稍微复杂的结构性相似。这通常是高水平猜谜。

谐音冷笑话、猜谜和类比的关系如图 3‑17 所示。

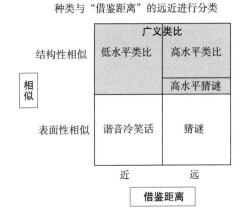

图 3‑17　谐音冷笑话、猜谜和类比的关系

类比的基本前提是在关系/构造层面存在结构性相似，猜谜的基本前提是发音一致或者存在部分结构性相似，两者之间有这样的区别。

猜谜会受到"语境"的影响。猜谜是以随机的多数人为对象，要求当场给出答案。

考虑到让多数人能够理解，猜谜在表达上不涉及复杂的构造，但为了提高语言游戏的水平，让听众叫好，在属性层面相似，并且被借鉴对象和借鉴对象之间的距离较远，如图 3‑17 中右下方所示。

与之相反，类比不要求短时间内就能理解，关于相似性也不需要随机的多数人能够理解，所以在构思创意方面格外追求多数人意识不到的相似性，借鉴距离较远，如图3-17中右上方所示。

高水平猜谜，就思考过程而言，与类比高度相似。如图3-18所示，猜谜首先是联想与"谜面"相关的词语，然后联想同音异义词，最后在各种候选词中选出与既有词语更为相关的词语，这个过程恰恰与类比的过程是相同的。

综上所述，猜谜在"把初看没有关系的两个事物联系起来"，以及思考过程的相似性这两个方面，完全可以作为类比的基础训练。

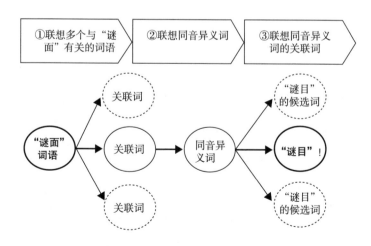

图 3-18 猜谜的步骤

小结

▶ "相似"有"表面性相似"与"结构性相似"两种,进行类比时更重要的是找到"结构性相似"。

▶ "结构性相似"是关于几个现象之间的"关系",与"表面性相似"相比,虽然难以发现,但其价值更大。

▶ 为了透视结构性相似,需要熟记关系/构造的基本类型。

▶ 如果能够认识"表面性相似"与"结构性相似"的不同,就能理解身边各种现象之间的关系。

第4章
类比所必需的抽象化思维能力

　　抽象化思维能力是人类所具有的判断力中最有代表性的能力，也可以说是类比思维过程中最为基础的思维能力。类比思维的活用程度与抽象化思维能力正相关。

　　如果逐一处理每个现象，便无法进行任何应用。人类能够实现飞跃性的智力进化也是因为有抽象化思维能力这一后盾。通过概括个别的经验和知识，形成"法则"，这些经验和知识就能够共享，也有可能再现、可复制。虽然我们会无意识地使用"抽象化"这个词，但很难对其下一个准确的定义，大致可以考虑三个维度。

通过概括化、典型化等找到共通点

　　概括化　概括化就是置换成每一个具体事例的上位概念。例如，乌龟→两栖类动物→动物→生物。

简单化　典型化就是简单化，即从复杂的现象中只选取符合目的的特征，"去掉枝叶"。在物理学和经济学中，为了阐明一个个看起来很复杂的现象，构建物理学模型或经济学模型，这就是简单化。

简单化的方法未必能应万变，会因目的的不同而有所不同。下面的例子能够清楚地体现这一点。

让三位数学家看立方体并问他们"这是什么?"，几何学家的回答是"立方体"，图表理论学家的回答是"以 12 条线连在一起的 8 个点"，拓扑学家的回答是"球"。

这个小幽默说明因为关注点（即目的）的不同，"枝叶"和"本质"会有所不同，因此简单化的方法也会有所不同。

结构化　这要求明确个别具体现象之间的关系/构造。在摒弃现象之间的复杂关系及无关紧要的个别现象这个方面，结构化与简单化相辅相成。也就是说，这是一种要发现结构性相似所必需的抽象化思维能力。不考虑表面性相似，而关注关系/构造相似。关注结构化的这种思维模式是在运用类比思维的过程中特别需要的。

"数量"和"语言"是最典型的抽象化概念

"数量"和"语言"能够清晰地体现抽象化思维在人类智慧

进步中的作用。就数量而言，例如"3"这个数字体现了人（3个）、狗（3条）、椅子（3把）这三种事物在数量上的相似，又如"3＋3＝6"这个算术表达式可以表示所有事物的"3项"和"3项"相加等于"6项"。只要试想没有数字我们应该如何表达，就能理解数字这种抽象化概念有多么重要。

另一个典型例子是语言。例如，作为语言主体的"名词"，分为"固有名词"和"普通名词"，"普通名词"则是抽象化概念的代表。

所谓普通名词，就是把拥有共同性质的多个对象看作"一个集合体"。例如，在我们无意中使用的"男士请到这边集合，女士请到那边集合"这个表述中，如果没有"男士""女士"这两个普通名词，就需要喊每个人的固有名字，并且有多少人就要喊多少次。通过举这样一个例子，大家应该能够理解通过语言所进行的抽象和概括在日常生活中是多么重要了吧。

人类因拥有"语言"这个抽象化武器而实现了智慧进步。每个人都具备一定程度的抽象化思维能力。但是，能够抽象化思考到何种程度因人而异，会存在 10 倍甚至 100 倍的不同。这就会直接影响到每个人的类比思维能力。

无论相隔多远都可以找到共通点

如前所述，通过抽象化思维提炼出各个不同的具体现象的特

征，使之简单化，可以明确它们之间的关系/构造。这是进行类
比的事前准备。也就是说，我们需要通过抽象化思维找到无法简
单发现的结构性相似。之所以说无法简单发现，是因为它们在属
性上"相隔甚远"，因此就需要把"相隔甚远"的事物加以关联。
其关键是如何发现"相隔甚远"的事物间的结构性相似。在此，
我们先解释如何寻找"相隔甚远"的事物间的相似性。通过不断
抽象化，就能从"肉眼可见"的表面性相似转向肉眼无法直接看
见的关系/构造方面的结构性相似。图 4-1 是把"狗"逐步抽象
化的实例。

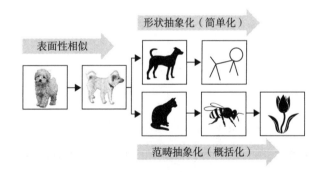

图 4-1　何种"相似"？

　　下面，我们考察两种抽象化过程。首先从"形状抽象化（简单
化）"开始。把握狗的身体、外观上的构造特征，即所谓的"变形"
抽象，转化为由线条构成的图形。虽然这与狗的形象"相差悬殊"，
但因为把握住了狗的基本构造，所以大部分人依然能联想到狗。

再看"范畴抽象化（概括化）"。当我们把狗抽象归类到"哺乳类动物"这个上位概念时，猫也可以被视为其"同类"。再进一步将其抽象归类到"动物"这个上位概念时，作为昆虫的蜜蜂（或者两栖类和鱼类）也可以被视为其"同类"。再进一步抽象归类到"生物"这个上位概念的话，就连郁金香等植物也可以被看作其"同类"了。

至于应该上升到哪一层上位概念，需要视情况而定。

越抽象化，越能"从远处"借鉴

有效活用类比的关键是尽可能地选取与目标领域相隔较远的领域作为基础领域。那么，如何才能"从远处"借鉴呢？过程如图4-2所示。

图4-2的横轴是目标领域与基础领域之间的距离，纵轴是这两个领域共通点的抽象化程度。即共通点的抽象化程度越高，就越有可能"从远处"借鉴，借鉴范围也就随之扩大了。

来看一个具体的实例。如果收到的卡片上写有"CASIO 的 G-SHOCK"，借鉴范围只能是特定制造商生产的极其有限的产品，但如果将其转变为"G-SHOCK"→"数字手表"→"手表"→"钟表"→"显示时间的物品"这样更概括、更抽象的概念，借鉴范围会显著扩大。

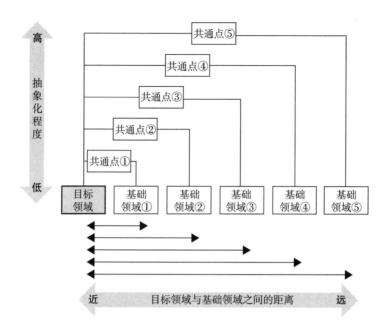

图 4‑2 越抽象化，越能"从远处"借鉴

"从近处"借鉴和"从远处"借鉴的对比如表 4‑1 所示。

表 4‑1 "从近处"借鉴和"从远处"借鉴的对比

	"从近处"借鉴	"从远处"借鉴
共通点的相似类型	表面性相似	结构性相似
共通点的层面	具体层面	抽象层面
共通点的"深度"	表象	根本性（本质性）
应用范围	小	大
创意的创新度	低	高
实施难度	低	高

由表 4－1 可知，在提炼出抽象化的、本质性的共通点这方面，"从远处"借鉴与"从近处"借鉴相比，难度系数更大。但相应地，借鉴范围也会更大，产生的创意也会更新颖。因此，为了把类比有效用于构思创意，要"从远处"借鉴，而实现这一点的武器就是抽象化思维能力。

把握共通点和不同点

最大限度地活用类比，关键是要在巧妙抽象化的基础上，彻底弄清基础领域和目标领域之间的共通点和不同点之后，选择最佳的基础领域，即"被借鉴的领域"。

例如，无论是谁，都会觉得"日本人、美国人、中国人都有两只眼睛、一个鼻子、两只耳朵，所以同样的化妆品应该都会畅销"这个观点非常不合逻辑。实际上，进行类比时不仅需要把握"共通点"，也需要把握"不同点"。

那么，在找出恰当类比所需的共通点时应该注意些什么呢？有如下几点：

- 共通点要符合目的；
- 共通点的抽象化程度恰当（不会过高，也不会过低）；
- 要一并考虑共通点和与目标领域相关联的不同点；
- 联系具体的实例来分析上述三点。

关于"符合目的"，就刚才的化妆品例子而言，大部分人都不会认为眼睛、鼻子和耳朵的数量与化妆品的购买倾向有关，所以数量是不恰当的共通点是毋庸置疑的。因此，虽说是结构性相似，但也并非一定与目的相符。重要的还是在与目的相符这个条件下，找到关系/构造上的共通点。

关于抽象化程度，在过高层面进行抽象概括，比如，对于某一个体，直接将其抽象概括到"人类"这一层面是最极端的，结果就是全世界的人"全都相同"。只有从确切、具体的层面来抽象概括，才能看出"与其他集合的不同"。如抽象化思维的定义所述，抽象概括、分组归类无非就是明确集合之间的关系，所以从这个意义上来说，恰当地设定抽象概括的层次，不过分抽象概括，也非常重要。

最后，在弄清共通点的同时也要明确不同点，确认其真的"符合目的"，这是提高类比准确度所必需的。

例如，在思考电子书的未来时，在线音乐可以作为借鉴对象。在"物理媒介在短时间内被电子媒介取代"这一点上，它们二者确实存在结构性相似。作为预测电子书这一"目标领域"的未来的"基础领域"，在线音乐可以被认为是合适的借鉴对象。

但是，仅仅凭"由物理媒介转向电子媒介"这一理由，就认为电子书会像在线音乐一样迅速发展起来，可能有些轻率。此时，应该关注"不同点的提炼"，特别是关系/构造方面的不同点是什么，这有可能成为调整借鉴对象的本质性关键。

比如，就书籍而言，在浏览方面物理媒介更有优越性；而就音乐而言，电子媒介更便利、实用。又如，就书籍而言，构成它的模块是章和节，模块之间具有连贯性，不可分割；而就音乐而言，其模块是各个曲目，曲目之间彼此独立。再如"媒介"形式的发展，就音乐而言，有唱片→CD/MD等变革；而纸质书的存续时间非常长，至今未被取代。在思考电子书的未来时，需要与目的相符，进一步详细分析它和在线音乐的共通点和不同点。

因此，为最大限度地有效活用类比思维，最重要的是理解"哪一个共通点和不同点可能会对目的产生极大的影响"。

准确无误地认清共通点和不同点

为了帮助大家准确把握共通点和不同点，图4-3展示了基础领域和目标领域之间的共通点及不同点的关系类型。

要准确认识基础领域与目标领域之间的共通点和不同点，只有正确把握这个前提条件，类比才能有效地发挥其功能。

先看由上至下第二层左侧的图，两者相交的部分很小，认为尽是不同点，是一种过分夸大不同点的认知状态。比如，以行业和组织"特殊"为理由，拒绝从其他领域中"借鉴"，这会导致无法运用类比。在故步自封的组织和行业中容易出现这种情况。讽刺的是，越是长时间地裹足不前，越容易保持这种认知状态。

与此相反的是图4-3中由上至下第二层最右侧的图所示的状态，即基础领域与目标领域之间的共通点有很多。因为某些共通点就做出判断，认为两个领域几乎完全相同。人们常常这样错误运用类比，是欠考虑的思考方式（可回顾"化妆品"的实例）。

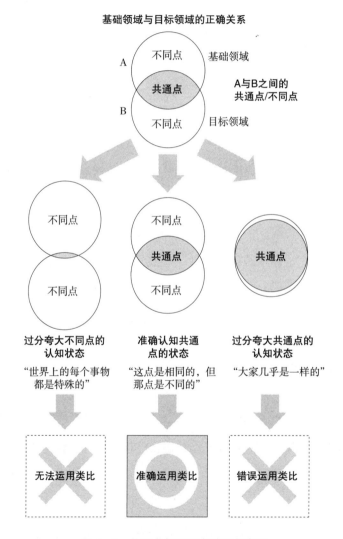

图 4‑3　共通点和不同点的关系类型

以上是进行类比时容易犯的两种错误。如果无法确定类比是否恰当，用上述两点加以确认就可以了。

通过"类型认知"找到应用对象

由找到共通点联想到"类型认知"。由"类型"这个词实际使用的场合，比如"成功方式""题型"等，进一步思考"类型"这个词的含义，就会想到具有共通点的"发展"、"组合"或"关联"。这些词的共通点是抓住了多个对象的关联性。也就是说，所谓"类型认知"，就是找出某种关联性。

这其实是前一章讨论过的"关系/构造"。也就是说，所谓"类型认知"，表达的就是"找出类比必需的关系/构造层面的相似性"。所谓的"类型认知技能"，就是抽象化思维能力的应用，也可以说因为有了这种能力，才能实现"从远处"借鉴。

通过图解看清构造

工作中不可或缺的一种能力是"图解"。图解通常作为给他人做方案说明这种表达性技能被谈及，但是它在类比思维的运用过程中也发挥了重要作用。图解是一种弄清事物构造的方法和工具。

进行图解时，我们通常需要用圆形和四边形等图形表示各个

对象，并用箭头等表示它们之间的关系。首先考虑使用图形，是
因为它会把各个对象简单化。这体现了图解不是准确表达"属
性"的手段。如果想如实展现对象的属性层面，即颜色、形状、
大小等，图形是不恰当的。因为图形的作用是"把具有相似性质
的事物全部弄成同样的形状"。也就是说，所谓图解，就是大胆
地摒弃各个对象本身属性的复杂性，根据目的提炼出真正需要的
特征，特别是提炼出关联性特征。从这个方面来说，图解可以说
是进行抽象化的有效工具。

　　自然科学和社会科学中的模型便是以关系/构造来把握现象
的一个实例。在自然科学或社会科学中，模型化之后要把关系
"用公式表示出来"，这种公式体现的则是变量之间的"关系"。
只有摒弃各种现象的特有属性，简洁地表示这种关系的"公式
化"才成立。

抽象思考者的思维结构

　　接下来，我们考察擅长抽象思考的人的思维结构和行为模
式。抽象化思维能力强的人平时就会有意无意地对事物加以抽象
概括。下面，我们分析他们拥有的几种关键技能。

　　其中既包括能够简单模仿的技能，也包括其他人难以模仿的
技能，但是它们可以帮助我们理解所谓的抽象化思维是什么。

进行图解并使表达简化

第一种技能是图解。越是不擅长抽象思考的人，在写文章和口头表达时就会显得越"冗长"。所谓的"文学性表达"，在抽象思考的过程中全部都是"枝叶"。这也许是大家认为理科生更擅长抽象思考的原因之一。

以极言、两项对立的方式进行思考

第二种技能就是在讨论中采取"极言"的方法。所谓"极言"，就是舍弃"枝叶"，仅提炼出一个本质特征，这正是活用抽象化思维的关键。

有时抽象化思维能力强的人发言时会招致误解，原因之一就在于"极言"。例如在工作中，经营者等人有时会简洁地传递信息，这种"极言"有时会成为招致误解的"失言"。

"极言"这种方式进一步发展就是"两项对立"的思考方式。也就是把事物分成对立概念（比如善 vs 恶、长期 vs 短期）的思考方法。

明确地凸显特征会更容易使人理解：按一定维度进行划分，提取明确的论点，是非常有效的方法，在各个场合都适用。

简言之，以对立观点制作对照表，凸显特征是最容易让人理解的一种方法。

与"极言"的方法相同，"两项对立"的思考方式也常常会因为使用方法招来误解，可能会被认为为了凸显特征而极端简化，过于简单粗暴。

在进行抽象化的讨论时，如果不能共同持有"摒弃枝叶，只讨论重点"的认知，就会存在讨论中止的风险。要充分认识这种风险之后，再进行抽象思考。

喜欢使用格言和名言

有的人经常使用的格言和名言，也是抽象化思维的赏赐。格言和名言因为通用性强，会被很多人使用。格言和名言把很多现象的特征抽象化，巧妙地抓住本质。

即便知道很多格言和名言，但如果不具备抽象思考的能力，抓住事物的本质，也无法联想到恰当的格言和名言。因此，能够巧妙地运用这些格言和名言的人，其抽象化思维能力一般都较强。

擅长精准地打比方

类比的一个目的是便于给他人讲解，"擅长讲解的人"通常能够精准地打比方。

打比方是类比的一种派生，因此能够把握抽象化之后的特征是必需的一种能力。进一步说，高水平的人不仅能巧妙地打比方，还能瞬间理解别人打的比方，"加入"那个话题。也就是说，高水平的人很擅长把别人说的话从自己的角度展开并引申。

这需要瞬时把握对方所打比方中的抽象化层面的"共通点"并加以拓展。

衡量抽象化思维能力最简单的方式就是，评估其打比方的能力。向他人讲解时能够多么巧妙地打比方，最能体现一个人的抽象化思维能力。

"巧妙"的评价标准大致有三点。其一是如何使话题"跳跃"到对方能够理解的层次。其二是能否抓住想要说明的复杂事物或现象（目标领域）和用来打比方的事物或现象（基础领域）之间的本质共通点。其三是能否准确把握两个领域的"不同点"，看自己有没有"夸大解释"。

擅长画像和起绰号

在学生时代，大家班里一定有一两位擅长给老师和朋友画像（这里的画像不是写实的，是指抓取某个人的典型特征）或起绰号的同学吧？走上工作岗位后，你会发现周围也有拥有同样能力的人。给某人或某个群体画像、起绰号，也是抽象化思维能力的一种体现。

所谓"抽象化"，就是"选取特征"，所以画像和绰号正是所选特征的对应物。抓住容貌、说话方式、肢体语言等"特征"，

简单地表述出来，并关联相似的事物，这就是类比。正如第 3 章
所述，与相似性一并提炼出的特征也有表象特征和构造特征两
种，前文所述的"类型认知"的具体体现也包括画像和起绰号。

拥有这种技能的人毫无疑问几乎都擅长类比。

不拘泥于具象层面的"美"

这里所说的"美"不是具象层面的，而是抽象层面的。"完
美"的抽象化意义，是指构造之简单和例外之少，即抽象化的构
造能够毫无遗漏地说明具体的现象。

换言之，这里的"美"是"构造之美"，而不是"表象之
美"。这两种"美"的不同如表 4-2 所示。

表 4-2　"表象之美"与"构造之美"的不同

	表象之美	构造之美
可视性	肉眼直接可见	肉眼不可见
美的体现	"色"及"形"	"关系"
复杂性	可简单亦可复杂	总之要简单
规则性与对称性	可有可无	必需

肉眼直接可见的"色"和"形"的美是表象之美。与此相
对，构造之美就是多个对象之间的"关系"之美。"对称性"就

是构造之美的代表。

如同"左右（上下）对称"，这在某个方面也可以说是"肉眼可见"之美，实际上我们所认为的"美"是隐藏其中的"构造"。道路标志也好，花瓶也罢，虽然外观完全不同，但给人"匀称、漂亮"的感觉是完全相同的，由此我们可以领会构造之美。

有时，我们会说："这本书很漂亮。"这句话有时是指书中使用的图片很漂亮，但大多数时候是指"构造之美"，具体表现为整体的行文没有废话、逻辑性强、结构严谨等。

因没耐性而话题跳跃

抽象化思维能力强的人多半都会被周围的人认为没耐性。这是为什么呢？我们身边的现象，如果仅从表面上看，似乎全都不同，但如果将其抽象化，会发现它们大多数时候没有什么不同。换言之，抽象化思维能力强的人会将"关系/构造层面相同的事物"视作相同。

比如看书，抽象化思维能力强的人会关注抽象化程度高的内容，想读懂其构造；即便阅读不同的书，也会马上意识到是同一类型的，因此就会认为没有继续阅读的必要，并转向下一个类型。

另外，总是对现象加以抽象概括的人所说的话，最初听起来会使人觉得"跳跃"。"找到不易发现的共通点，能够把初看完全不同的领域联系起来"是抽象化思维的特征之一。如果我们这样思考，就会认可他们所说的。

抽象和具象是车之双轮

前面我们一直在阐述拥有抽象化思维的必要性。总是进行抽象思考的人，有时会与对所有事物进行具象思考的人处于对立状态。下面，我们考虑这种对立是如何产生的，也会谈及抽象化思维的缺点。据此，我们可以分析自己的哪种思维能力更强，从而知道在日常生活和工作中应该注意些什么。

任何事情都想概括总结的人 vs 任何事情都想具体讲述的人

思维方式不同的两个人进行对话时会发生什么呢？我们来看一个例子。下面是阿隆和淳子的对话。

淳子："我们班的铃木好像继承了家里的酒店，听说还是无法与连锁酒店抗衡，因为后者全国统一进货，低价销售，品种也丰富。"

阿隆："这就是所谓的'规模经济'。"

淳子："有这种说法？总之，听说数量上无法取胜，和别人竞争就会艰难。铃木好像也想迎合现在的社会，进行各种变革和创新，但还在帮忙的父亲却说：'通过这种经营方式，酒店以前发展也很顺利啊。'铃木好像还没有办法。"

阿隆："有的人'不肯跳出过去的成功经验'。对企业来说，就是'革新陷入了进退两难的境地'。"

淳子："阿隆，你为什么总用简短的专业术语进行概括呢？"

阿隆："因为这是社会上常见的说法。"

淳子："但现在我们不是讨论社会整体现象，而是在说我们的朋友！"

我们再来看看这两个人"内心的想法"。

➤阿隆内心的想法：

"这不是常见的情形吗？透过这些情形大致能看出未来的发展……"

➤淳子内心的想法：

"为什么总是要用抽象的、难懂的术语来'概括'呢？"

图4-4展示了两个人分别从具象层面和抽象层面看同一个问题时，因视角不同而产生的交流分歧。

如前所述，一个人一直从具象层面看问题，另一个人一直从抽象层面看问题，两个人的视线都只朝向一方，对话就无法继续。

表4-3汇总了总是进行抽象思考的人和总是进行具象思考的人的思维特征。

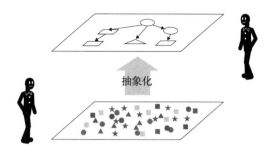

图 4‑4 抽象思考者和具象思考者的交流分歧

表 4‑3 抽象层面和具象层面的思维特征

抽象层面	具象层面
· 能够应用 · 晦涩 · 直截了当 · 不带感情 · 分类汇总 · "学者"的世界	· 无法应用 · 通俗 · 附加详细说明 · 带感情 · "实际工作者"的世界

　　抽象化思维的最大的优点是擅长概括总结,所以最终的结论
"能够应用"。也就是说,它不是针对特殊事例,而是具有通用
性。然而,抽象程度高的表达一般都被认为很"晦涩",难以理
解。这种表达的另一个缺点是不带任何感情,所以想要打动人心
时尽量不要使用抽象表达。

　　擅长从抽象层面进行表述的人一般都是"学者型",擅长从
具象层面进行表述的人是从事实际业务的人。并不是说哪一种人
更优秀,但相互之间需要充分理解对方的思路。

抽象化思维就是对具体的现象概括总结，再运用到其他的具体情形中，这样不断循环往复。所以，重要的是能够巧妙地运用抽象化和具象化的语言。仅仅从抽象层面用"晦涩"的语言来解释的话，抽象化思维在工作中就不能充分发挥作用。这也许就是纯学术世界和工作世界的不同。

很多经营者一般通过关系/构造来把握事物，因为所处的立场要求他们考虑到整个公司的"人、物、钱、信息"，所以他们形成这种思维方式不难理解。

在公司中经常发生的交流分歧就是从个别、具体层面考虑问题的项目负责人和管理者之间认识的不同的结果。管理者和项目负责人每天在各种场合都会有交流上的分歧，即使是一份资料、一项说明，管理者想把握构造层面，项目负责人则想要说明自己负责的项目的具体状态。

"考虑构造"意味着"总是要考虑整体"。原因在于，把握构造就要把握关系。要彻底弄清关系，就要从部分到整体。

具象制造问题，抽象解决问题

对于抽象化思维也许会有这种反驳："'细节很重要'。无视具体的细节，实际上跟什么都不懂是一样的。"这种说法也是正确的，但只对了一半。需要详细说明的具体内容是不言而喻的。现实就摆在那里，很多本质不会因为抽象化后就看不到了。

问题是从哪里开始抽象化。如果仅看抽象层面的东西，也只能得出不尽如人意的结论；只对"典型事实"进行抽象概括，往往会发现没有意识到本质。于是，"从特异点开始构思"便产生了。

企业也一样，新的课题和机会大抵都是从特异点，即通常的思考方式无法解释的现象中产生的。把握客户需求的一个重要影响因素是"环境变化"。最开始的一个具体现象，随着时间的推移，演变为很多个不同的具体现象，最终不得不通过抽象概括它们的共通点，来寻求解决办法。换言之，就是"具象创造问题，抽象解决问题"这样一个过程。

前文中，我们说过"经营者关注构造层面"。准确来说，对经营者的要求是，关注具体且详细的细节的同时，也要从构造层面对其加以把握。关注"典型事实"并"通过抽象化弄清本质"，我们才会有新的发现。

本节所论述的具象和抽象的关系，可以用追求高度抽象化的数学等科学来解释。数学家高濑正仁做过如下阐述：

> 抽象思考者虽然有解决问题的能力，但缺乏创造问题的能力。与之相反，具象思考者有制造问题本身的能力。具象制造难题，又常常会被自己制造出的难题给困住，这本身又会成为创造新事物的契机。

图 4-5 用金字塔模型展示了具象和抽象的世界。

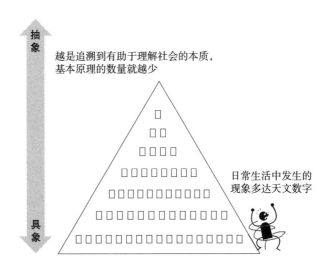

抽象

越是追溯到有助于理解社会的本质，
基本原理的数量就越少

日常生活中发生的
现象多达天文数字

具象

图4-5　具象到抽象的金字塔结构

就我们身边的各种现象而言，越看越觉得各不相同。但越抽象化，就越觉得好多现象是相通的。从哪个层面来把握，或者如何穿梭于具象层面和抽象层面，就是"思考"的本质。

多层次思考

在具象和抽象之间往复的同时，能够发现新的问题并加以解决。这要求我们同时从具象层面、抽象层面甚至是不同程度的抽象层面把握事物。也就是说，审视一个现象时需要同时从各种维度来理解。

例如我们要准备一份方案并进行介绍，从单一层面来认识的人和从多个层面来思考的人在说明方法和处理问题的方式上会有很大的差距。

从单一层面来把握的话，就算能按顺序进行介绍，比如 1 小时能介绍 30 页 PPT 的内容，但是当突然被要求用 5 分钟做一个概括性介绍时就会惊慌失措。介绍方案需要的时间是 1 小时，这时的应对策略只能是挑选其中的一节 5 分钟内容进行介绍。

与之相反，从多个层面来把握的人，当被要求"用 3 分钟进行介绍"时，只要清楚表达"整体想要说明的东西"，从抽象层面来应对就可以了；被要求"用 20 分钟介绍"的话，也能按顺序说明每张 PPT 的概要，从这个层面来应对。

综上所述，抽象化思维要求从各种层面对具体现象进行汇总概括，要求在各种层面彻底思考"总而言之是什么"。

小结

▶"抽象化思维能力"是找到结构性相似不可或缺的能力，通过概括化和典型化找到共通点非常重要。

▶抽象化程度越高，就越能"从远处"借鉴。

▶抽象化思维能力强的人有这样的思维特征，即进行图解并使表达简化、直截了当地说出某种意见并以两项对立的方式进行思考、擅长精准地打比方、不拘泥于具象层面的"美"等。

▶单凭抽象或具象某一种思维方式，都无法很好地发挥思考的作用。理解两者的特征并穿梭于具象层面和抽象层面，从而拥有发散性思维，是非常重要的。

第 5 章

应用于科学领域和工作中的类比

在人类历史中，类比思维对各种形式的发现都有所贡献。代表之一就是科学领域，例子不胜枚举。在工作中也一样，构思新的业务、产品等都要运用类比思维。可以说，没有比类比思维应用范围更广的思维方式了，类比思维的通用性非常强。

本章将从这样几个角度来介绍应用类比思维的各种领域的例子，即新领域中的发现及新创意、加强对新领域的理解等。

类比思维贡献最大的是科学领域

《类比的力量》一书介绍，科学领域进行类比有发展、发现、评价、解说 4 个目的。发现会对新假说的形成做出贡献，之后对理论形成及实验计划等方面也会有所贡献，进而作用于对假说的评价，同时也会用于新概念的解说。

关于科学领域的类比，物理学家汤川秀树做出过如下阐述：

那么，关于"学问中的创造性发现的具体实现形式是什么？"这个问题，大家都说是活用类比思维。类比最简单的形式就是打比方。看看之前的书籍就会发现，书中写的尽是天才人物的深远思想。理解某一费解的问题时，大多是将其比作某一事物。换言之，就是把难懂、本身无法理解的事情比作极其浅显的、任何人都能明白的事情。虽然这方面能够理解，其他方面无法理解，但无法理解的与能够理解的非常相似，因此可以借助能够理解的事情来理解原本无法理解的事情。只要意识到能够理解的事情和无法理解的事情是相似的，把两者进行比较就会理解之前无法理解的事情。这就是打比方的作用。

这既不是演绎型推论，也不是归纳型推论。但是，因为是创造，所以必须是真正理解了任何人都不懂的问题。如果某个人对于两者都已经理解了，又善于表达，只是为了让他人理解而打比方，就不能算作创造，只是为了教会他人而已。我认为，过去的人很多时候就是这样弄懂了对自己来说也很难的问题。我觉得，打比方很多时候体现了一个人的思维过程。《庄子》中也有各式各样有趣的比喻。庄子也是通过类比思维来理解这个世界的。这本身就是创造性活动。广义的类比包括各种形式。以物理学来说的话，即借助模型这种更高程度的思维形态……

科学上的重大突破的诱因往往是该领域之外的见闻。特定领域的专家之间的讨论到了得出结论的最后阶段，若仅仅借助该领域的知识，是很难有所突破的。原本就是该领域的专家即使聚在一起解决问题，也可能无法拿出有效的方案。能够带来新构思的是其他领域的知识。

表5-1中列出了科学史上由其他领域的类比所产生的重大发现的代表实例。

表5-1　科学史上由其他领域的类比所产生的重大发现

发现领域（目标领域）	被借鉴的领域（基础领域）
雷（发现者：富兰克林）	电
苯（发现者：凯库勒）	生物（蛇）
卡诺循环（发现者：卡诺）	瀑布
原子构造（发现者：玻尔）	行星轨道
电磁理论（发现者：麦克斯韦等）	流体力学
黎曼猜想（发现者：戴森等）	原子核物理学
位相几何学（发现者：汉密尔顿等）	热力学

牛顿看到苹果从树上掉下来，发现了万有引力定律，这是未见于正式记载的传闻。故事的真假暂且不论，这种从不同领域而来的"灵感"使专业领域有了重大突破，这类科学史上的传说还

有很多。

　　类似的还有富兰克林的"风筝实验"。这个据说是富兰克林由电类比雷，揭示了雷电的奥秘。

　　发现苯环（由 6 个碳原子构成的环）的凯库勒也是因为梦见了"互相咬尾巴的两条蛇"（也有一种说法是"蛇咬自己的尾巴"）。开发交流电动机的特斯拉从小时候看到的水车中得到启发。卡诺从瀑布中得到启示，发现了热力学中的卡诺循环。这些都是把日常生活中的现象不经意地类比应用到专业领域中的事例。

　　除此之外，电子将原子核作为中心，以同心圆的形式环绕其"转动"的原子构造模型也是由行星轨道类比产生的。因为电磁学和流体力学在构造上很相似，麦克斯韦等人就是通过类比思维将电磁理论发展了起来。

力学和电学的类比

　　从肉眼可见的世界到肉眼不可见的世界的类比，或者与之相反，从肉眼不可见的世界到肉眼可见的世界的类比，在科学领域都经常运用。有代表性的就是物理学中的力学和电学。

　　最基本的类比是力学中的弹簧问题和电气回路这样的基础物理法则问题。不同的两种物理现象用同一个公式来表示，所以它们的物理变数的"构造"是相同的，这就是一个通过类比思维，在两种物理现象间往返拓展构思的实例。

两者的相似性如图 5-1 所示。

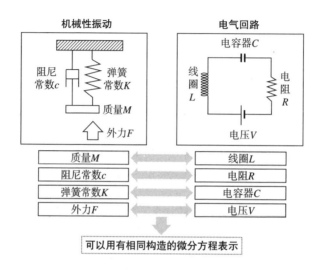

图 5-1　弹簧问题和电气回路的关系

表示左侧弹簧跳动的运动方程和表示右侧电气回路的微分方程分别如公式（5-1）和公式（5-2）所示：

$$M\frac{\mathrm{d}^2X}{\mathrm{d}t^2}+c\frac{\mathrm{d}X}{\mathrm{d}t}+KX=F \qquad (5-1)$$

$$L\frac{\mathrm{d}^2Q}{\mathrm{d}t^2}+R\frac{\mathrm{d}Q}{\mathrm{d}t}+\frac{Q}{C}=E \qquad (5-2)$$

在此没有必要理解这两组公式的具体含义，要点是发现两个不同物理问题的方程式竟然具有"同一形式"。也就是说，这些变数间的构造是相同的。

两个方程的变数的对应关系如下所示：

X（位移）→Q（电荷）；

F（外力）→E（电压）；

K（弹簧常数）→$1/C$（电容器容量的倒数）；

M（质量）→L（线圈的感应系数）；

c（阻尼常数）→R（电阻）。

同样也可以得出这样一个关系：力学中的速度（dX/dt）就相当于电气回路中的电流（dQ/dt）。

综上所述，建立完全不同领域的变数之间的关系，体现了类比思维的威力。

进而，源于这两个领域的相似性，力学方面的"共振"现象也会出现在电学中，特斯拉应用了这种相似性。除此之外，特斯拉还通过类比有了各种发现。

正如我们在前面的"弹簧和电气回路的关系"的例子中所看到的那样，"公式"表示了变数之间的"构造"（正比、反比……），所以"构造"相同时说明类比在这些现象之间适用。

除此之外，在机械力学领域、电气回路领域、水力学领域、热力学领域等，只要两个领域中变数间的关系完全相同，那么这两个领域的本质问题和深层构造就是相同的，可以应用类比思维来加深理解和拓展创新。

综上所述，研究的对象尽管看起来完全不同，但实际上它们潜在的基本构造都可用同一原理来解释。这样，即使没有逐一思考，一个领域的原理在其他领域也可以类比应用。

对此，我们可以找到进行有效类比的基本原则，即"推动社会发展的基本原理可进一步归纳概括为少数的简单原理，只不过根据对象的不同，简单原理派生出的基本原理会有所区别"。在"商务包和预算管理的类比"的案例中，我们已经了解到，"选择统一管理还是模块化管理"的思考方式在"归类"这一行为涉及的所有领域中都适用。这有助于理解森罗万象的基本原理实际上并没有那么多，各种现象都可以用有限的简单原理来解释说明。

类比在数学难题多维思考中的贡献

类比思维在史上最难数学题"黎曼猜想"的多维思考中也做出了巨大的贡献。"黎曼猜想"是 19 世纪取得非凡成就的德国天才数学家黎曼发现的关于质数（1、2、3、5、7、11 这样的除了 1 和本身之外没有别的约数的正整数）排列法则的假说。质数的排列虽然看起来完全不规则，但实际上是有规律性和"意义"的。据说只要能解释清楚这个，就有可能解释宇宙和自然的奥秘。

据说"黎曼猜想"虽然激起历史上多位数学家的好奇心，包括欧拉、高斯以及非常有名的博弈论研究者约翰·纳什等，但这个终极难题长达 150 多年都没有被解开。

"黎曼猜想"是关于黎曼函数 $\zeta(s)$ 的零点分布的猜想，函数形式如下（对该函数的理解并非本书的主旨，所以不再多加解释）：

$$\zeta(s) = 1 + \frac{1}{2^s} + \frac{1}{3^s} + \frac{1}{4^s} + \cdots = \sum_{n=1}^{\infty} \frac{1}{n^s}$$

困扰诸多数学家的、始终没有被破解的"黎曼猜想"在 1972 年因为两个人的偶遇有了一个意想不到的突破口（下面这段趣闻参考了 2009 年 11 月 15 日 NHK 电视台放送的特别节目《黎曼猜想——天才们的 150 年奋斗》）。

密歇根大学数学家蒙哥马利博士发现质数间隔不是均等的，而是随机的。与之相反，$\zeta(s)$ 函数零点的间隔相对均等。另一位主角不是数学家，而是普林斯顿高等研究院量子物理学家弗里曼·约翰·戴森。

偶然从密歇根大学来到普林斯顿大学的蒙哥马利博士边喝咖啡边站着闲聊，碰巧戴森博士也在喝红茶闲聊，这时有人介绍他俩认识。因为是不同领域的人，蒙哥马利问戴森研究什么，戴森勉为其难地回答了，但他看到蒙哥马利所说的 $\zeta(s)$ 函数分段数学公式 $[(\sin \pi u)/\pi u]^2$ 时，非常震惊，因为这个公式的构造与完全不同领域的表示铀（放射性化学元素）等重原子能源间隔的公式完全"相同"，如下所示：

$$[(\sin \pi \Delta E)/\pi \Delta E]^2$$

也就是说，"数学"与"物理学"这两个完全不同领域的抽

象化公式有完全相同的形式，这可以说是类比发挥作用的代表性
事例。在科学领域，这种初看完全不同领域的知识和见解对其他
领域产生影响的事例不计其数。

在"黎曼猜想"与物理学的关系中，布里斯托大学的迈克尔·
佩里博士把电子轨道比作"桌球台"，并由方形换为心形，发现能源
层面的间隔与零点分布相关。这个例子也是类比的典型代表。

通过这些发现，人们深刻认识到跨学科研究的必要性。1996
年，在西雅图第一次召开了"黎曼猜想国际会议"这个跨学科会
议。出席这次会议的数学家阿兰·孔涅是非交换几何学的创始
人，他找出了数学中初看分属毫无关联的领域与质数的关联，并
写出多篇论文解决问题，这是一个重大突破。

这些都是偶然的发现，也可以说是"机缘巧合"。质数领域
的研究者埋头研究数论，原子核领域的研究者专心研究素粒子物
理学，原本彼此都没有关注对方。这个事例在工作中具有很大的
启发意义。

类比为数学难题打开突破口的例子还有很多。之前困扰多位
数学家约 100 年、2003 年由数学家佩雷尔曼证明的位相几何学
难题"庞加莱猜想"取得了重大突破。突破口是"里奇流方程"，
据说也是数学家威廉·哈密顿在记述物理现象的热传导方程时获
得的启发。这也是数学与物理学这两个初看毫无关联的领域通过
发现"相同构造"而获得新见解的代表性事例。

电力网和互联网的类比

接下来介绍从"电力网"到"互联网"的类比应用。此处参考了尼古拉斯·卡尔的《大转变》一书，试着把这本书所写的内容从类比的角度进行归纳阐述。

下面根据第2章解释过的类比的4个阶段，介绍如何用电力网类比互联网。

①目标设定

首先考虑目标领域互联网的整体构造，预测该领域的构造今后将如何变革，并对当前发生的变革进行说明。以前由企业各自提供的IT服务是分散型的，由于互联网技术的重大突破，如今正转变为具备规模经济、集中提供服务这种特征的体系。最为关键的是，通过这种范式转变催生了"云计算"。这种构造变化的模型如图5－2所示。通过这种模型，就能选定被借鉴的基础领域。

②基础领域的选择

依据基本构造相似，选定了电力网这个基础领域。电力网与互联网领域具有相同的演变，最初是为各个有需求的用户分别提供发电设备，满足其电力需求。由于技术革新等重大突破，满足所有用户需求的大型发电站可以通过电力网给用户提供更加多元化的服务。

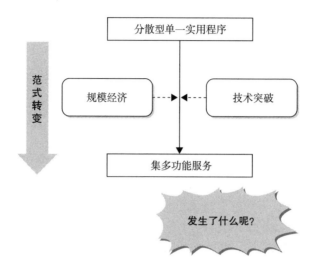

图 5‑2　构造变化的模型

电力网和互联网的共通点及不同点如表 5‑2 所示。在此，我们不仅要了解共通点，也要了解不同点。准确地认识不同点有助于更准确地预测未来发展，避免做出武断的夸大解释。

表 5‑2　基础领域与目标领域的共通点及不同点

	电力网（基础领域）	互联网（目标领域）
共通点	提供多元化的服务	
	具备规模经济效应，由逐个分散向集中演变	
	技术革新发挥了重要作用	
不同点	应用程序使用方	应用程序提供方
	单一服务	多重服务
	难以模块化	容易模块化

　　说到不同点，在电力网领域，"应用程序"的提供方就是电力的"使用方"（各种各样的家用电器等）。而在互联网领域，服务也有可能是集中服务的提供方提供。另外，在电力网领域，提供的服务是"电力"这一单一服务；在互联网领域，提供的服务则是软件、硬件等多种服务。

　　③基础领域映射目标领域

　　根据步骤①和步骤②的结果，把两者的构成要素制成表5-3。电力网领域发生的事情，在互联网领域也正在发生。换言之，可以预想电力网领域发生的变革在互联网领域同样会发生。

表 5-3　基础领域映射目标领域

	电力网（基础领域）	互联网（目标领域）
变革前的形态	企业各自的发电设备	企业各自的信息系统
变革后的形态	电力企业的电力网和大型发电站	互联网和云计算
初期的基本技术	蒸汽机	打孔卡机
分散转向集中的重大突破技术	交流电	光缆
集中服务源	发电站	数据中心
"最初技术"的开拓者	爱迪生	比尔·盖茨
集成的创新者	塞缪尔·英萨尔	马克·贝尼奥夫（Salesforce 公司的创始人）

例如，与"企业各自的发电设备"转为"电力网"和大型发电站相同，"企业各自的信息系统"也转为"互联网和云计算"。初期的基本技术分别是"蒸汽机"和"打孔卡机"，导致分散转向集中的重大突破技术分别是"交流电"和"光缆"。

比较两个领域的"代表性人物"："爱迪生"和"比尔·盖茨"分别是电力网和互联网领域"最初技术"的伟大开拓者。作为想要超越原有技术的创新者，塞缪尔·英萨尔与马克·贝尼奥夫具有很大的相似性。

通过映射展现两个领域，可以类比出已经在电力行业发生的变化同样也会在互联网行业发生。另外，对这种预测的评判和验证，通过一边在日常生活中"验证"现实中发生的事情，一边修正，可以逐步提高预测的准确度。

"次世代供电网"的应用

将"互联网与电力网"的上位概念抽象为"基础设施"的话，应用范围会进一步扩大。下面再来看一个例子。作为新一代电力技术，"智能电网"备受瞩目。通过让家庭、工厂等电力用户安装"智能电表"这种智能终端可以准确把握电力需求，从而使用户可以合理安排电器使用，电力企业可以按用户需求提供电力，以平衡需求与供给，谋求电力使用效率的最大化。世界各地都在开展对智能电网的研究。

智能电表可以通过类比应用到各种不同的领域。要点如下：

·以当前需求与供给尚未最优化、存在某种"分布不均"的基础设施为对象；

·通过把它们最优化，把需求全部"可视化"的同时消除分布不均，平衡供给与需求，降低损耗。

以上这些能够通过以下最新的 ICT 技术实现：

·大量用户使用的智能终端；

·处理大量数据的程序；

·把智能终端、处理数据的程序等有效连接起来的网络技术。

以这种形式抽象化表达的话，不限于电力，而是可以应用于所有的基础设施，应用范围可以无限扩大。例如：

·供水的最优化；

·交通量的最优化；

·通过采集手机用户的生活轨迹来提供增值服务；

·通过采集医疗患者的行程轨迹来提供增值服务。

以这种想法为总括性战略，包含并统筹各种基础设施及城市计划等的正是 IBM 在 2008 年提出的"智慧地球"这个概念。

根据"企业特性"寻找共通点

人们经常使用案例研究，包括 MBA 课堂上使用的案例、对其他企业案例的学习等。

案例研究中最重要的是类比思维。说到其他企业的案例，首先让人想到是行业内的竞争案例。大部分的日本企业以前一直都非常重视包括海外企业在内的直接竞争案例，尤其是在普遍以赶超先进企业为课题的 20 世纪 80—90 年代。如今亚洲的新兴市场正是以这种模式实现了快速发展。此外，在卖方市场批量生产的时代，模仿业内其他企业的产品功能及服务内容并"提高水平"是成功的关键，这可以说是时代的遗留产物。

不过，时代发生了很大的变化。如今的时代需要的不仅仅是模仿同一行业内的其他竞争者这种"临近"领域的创意，更需要把相隔"尽可能遥远"的行业中的案例及创意"应用"到本行业。这就是本书一直在说的类比思维。

关键是如何找到应该学习的相隔"尽可能遥远"的领域。这需要我们在寻找的过程中，关注"结构性相似"，而不是"表面性相似"。

此时应该关注的是"企业特性"，也可以称为各个行业存在的"构造特征"。也就是通过找到结构性相似，发现初看好像不同领域间的共通的成功要素。巧妙透视这些共通的成功要素，就能找到拥有相同特性的不同行业所共有的"必胜模式"。

另外，第 3 章介绍了"工作的构造"涉及"人、物、钱、信息"这些资源的流动，即清楚明了地表示工作的构造包括"人员流动""物流""资金流""信息流"。

从企业特性看行业的相似性

如前文所述，进行行业比较和分析的时候，"企业特性"尤为重要。以此为视角，从宏观上来看，各个行业都可以在相隔"遥远"的其他行业中找到意外的相似性。

大家一般认为的"相似行业"，是指经营的产品及提供的服务是相似的，也就是能够看出属性层面的相似性的行业。比如，东京证券交易所的行业分类如图 5 - 3 所示。

这些还可以从更具体的产品层面进行分类。核算所谓"市场份额"的单位可以说是通常能够想到的业内最小单位。对一般的企业而言，说到业内的竞争企业，就是指这种经营同种产品的企业。

同样是"表面性相似"的还有"服务对象群体"。如果是组织，那么既可以是企业，也可以是政府机关、医院、学校。如果是个人，那么可以按年龄及性别这样的"人口统计学特征"进行分类，例如以 30～39 岁的女性为目标群体……

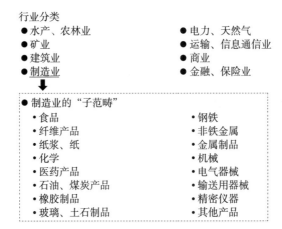

行业分类
- 水产、农林业
- 矿业
- 建筑业
- 制造业

- 电力、天然气
- 运输、信息通信业
- 商业
- 金融、保险业

- 制造业的"子范畴"
  - 食品
  - 纤维产品
  - 纸浆、纸
  - 化学
  - 医药产品
  - 石油、煤炭产品
  - 橡胶制品
  - 玻璃、土石制品
  - 钢铁
  - 非铁金属
  - 金属制品
  - 机械
  - 电气器械
  - 输送用器械
  - 精密仪器
  - 其他产品

图 5 - 3　东京证券交易所的行业分类及"子范畴"

通常所说的业内竞争要素、市场成功要素及顾客决定购买的主要原因等重要成功要素（critical success factors，CSF）都属于表面性相似。"业内常识"也是一直按照这几个方面来加以概述的。

这是适用于经济高速增长时期、因批量生产所形成的销售额每年都顺利增长情形的成功模式。但是，现在行业构造本身不稳定，行业间的界限模糊不清，所经营的产品即使相同，在由互联网等带来的商业模式日益革新的环境下，以前的成功模式不适用的情形也在增加。与前文说的"人口统计学特征"的特性不同，肉眼不可见的心理特性——"消费心理"受到重视。

这时，需要透视与所经营的产品不同的行业的"构造层面"，用类比思维从拥有相同构造的先进领域"借鉴"创意。

通过寻找这种构造层面的相似性，"意料之外的相似行业"就会浮现。它们就是进行类比时的基础领域。

下面具体说说企业特性。

"产品特性"（产品的生命周期，如导入期、成长期、成熟期等，是消耗品还是耐用品等）、"客户特性"（是企业客户还是个人客户，新老客户比例，是随机的多数客户还是特定的少数客户等）、"财务特性"（固定成本与变动成本之比等）、"价值链特性"（是预估生产还是接单生产，研发、生产、销售、服务等哪一个环节是成功的关键）、"联盟特性"（横向一体化还是纵向一体化等）、"生产特性"（组装型还是流程型等）、"销售特性"（是以直接销售还是以间接销售为主等）、受管制程度、公共性等都是企业特性。

接下来选取几个企业特性进行解释。

是固定成本还是变动成本？

着眼点是成本构成。企业成本主要是由与产量成正比的变动成本构成还是由与产量无关的固定成本构成？企业构造会因此而大不相同。固定成本型企业的成功关键是提高设备的运转率，从这个共通点来看，把"空间使用率"作为重要指标的酒店业、重视"上座率"的航空业有同样的企业构造。又如，把"人员利用率"作为主要指标的专业机构（如律师事务所、会计师事务所等）也具有相同的构造。

是流动型业务还是会员制业务？

接下来考虑收益的构成。一种是强调各单次交易的流动型业务。大量消耗品的销售就属于这种类型的业务。面向组织的交易量小的业务，各项交易的独立性强、关联性小的业务，也同样属于流动型业务。其成功的关键是改进品质、降低成本、缩短交付期（所谓的 QCD）。

与流动型业务相反的是会员制业务。这是与特定的客户持续进行交易从而赚取稳定收益的业务模式。它的特征是在特定的一次性产品及服务销售之后，通过长期关系的建立及之后的保养、维修服务确保稳定的收益，这是企业获得成功的主要原因。具有代表性的是以企业为客户的复印机和电梯行业。

针对会员制业务，在销售的各个阶段，即使降价也要提高本企业的市场份额。通过不断地向老客户销售，稳定地获得保养、维修服务的收益是利润增长的关键。拥有同样企业构造的行业有器械行业等，特点是产品的生命周期长且售后的保养、维修时间比较长。

近年来，在制造业，生产大型机器等高价、长期使用的产品的企业备受瞩目。理由有如下三点：

·产品本身价值高，竞争激烈，通过价格竞争无法获得利润；

·与之相反，保养、维修这类服务的竞争小，因此能够确保利润；

　　·客户群不断扩大，即使单个客户的规模很小，整体的客户
规模也相当大。

　　在提供这种保养、维修服务的过程中，以下三点很重要：

　　·准确把握产品损坏的风险；

　　·准确把握当这种风险发生时的客户需求；

　　·提供能够确保利润的产品。

　　这可类比人寿保险产品。由"东西损坏"类比"人'损坏'
（生病、受伤）"，依据这一相似性，机械产品的思路几乎都可以
直接应用于人寿保险的多种产品。

　　这也与"从先进领域借鉴"这一类比规则吻合。把生病、受
伤等风险计算在内，作为金融产品的保险不论是就产品种类还是
就定价而言都取得了极大的发展，因为考虑了复杂的风险管理，
反过来也能够成为硬件、软件这些产品的风险管理及产品开发的
参考。

重视"一次性客户"还是重视"熟客"？

　　这种划分方式的关注点是顾客的复购次数。以复购可能性小
的新客户（即所谓的"一次性客户"）为主体的业务与重视"熟
客"的业务实现成功的要素不同。

　　重视一次性客户的行业收益构成必然是以流动单次型为主，
重视熟客的行业收益构成则以会员制为主。

这两种业务的销售人员也属不同的类型。在重视一次性客户的业务中，爆发力强、善于提高"客户期待值"的销售人员更容易成功。而在重视熟客的业务中，不是凭借华丽十足的宣传语一决高下，"不说谎"的匠人型销售人员很多时候业绩更好。两种模式的不同，也可以说是接连不断地开发新客户的"狩猎型"销售模式与长期认真耕耘而实现收获的"农耕型"销售模式的不同。

这种不同不局限于企业和行业，在很多情形下也都有所体现。例如，就餐饮店而言，景区餐饮店主要面对一次性客户，住宅区的餐饮店会重视熟客。就出租车而言，如果是大城市，几乎都是一次性客户；如果是小城市，熟客的比例就会增大。综上所述，成功的主要原因会因为"客户特性"的不同而不同。拥有同种构成的业务，即使经营的产品及提供的服务完全不同，成功的主要原因也是相同的。

例如，重视一次性客户的业务，首要是提高企业、产品的知名度，所以要重视广告宣传。与之相反，重视熟客的业务要重视产品及服务的品质，做好客户维护，相应的努力及对策大多可以跨行业"借鉴"。

转包结构的复杂程度？

产品及服务仅由本企业提供还是外包给相关企业由相关企业提供？从这个角度来看，就大型项目和提供复杂的服务内容而言，有些行业的承包商（第三方）有所谓的四重、五重等多重转包结构。有代表性的是承包复杂建筑的总承包商。

与之相同，项目由物理建筑物引申到 IT 所建立的虚拟建筑物的话，系统集成构造是非常相似的（也有"IT 总承包商"这个说法）。这时，企业成功的共通点是必备"项目管理"知识。

与此相似的是汽车等行业的零件制造商，这种行业在多重构造方面非常相似，但"零件→半成品→成品"这样的"分工"结构与几乎把业务全部外包的结构有些不同。

信息对称还是不对称？

根据卖方与买方的信息量是相同还是不同，分为信息对称和信息不对称。网络的发展使得以前非常大的卖方与买方的信息量差距正在急速缩小，这对业务特性有很大的影响。

然而，在二手车市场，卖方在信息领域依旧有压倒性优势，类似的例子是医生与患者的关系。

预估生产还是接单生产？

在制造业中，产品流程大致是：产品策划→设计→购买原材料（零件）→半成品生产→成品组装→物流→销售→售后服务。根据这一流程是在接单前产生还是接单后产生，可以将生产模式分为预估生产和接单生产，即要么是"先产后卖"，要么是"先卖后产"。这两种生产模式，不仅会使企业的产品流程不同，企业文化也会因此有很大的差异。

从过程来看的话，预估生产是卖方承担风险，必须预判设计、库存等方面的因素，考虑自身的风险承受能力并预估客户的需求。与之相反，接单生产需要灵活且快速地应对各个客户的需求，此时的"产品策划"对应的是"给各个客户的提案"。像这样，即便是"产品策划"这个环节的功能，在两种生产模式中的定位也大不相同。

企业文化也会反映成功的关键要素。在预估生产中，要把重点放在"标准化"、低成本生产上。而接单生产则要重视"每个客户"的需求，哪怕需要稍微提高成本。这两种不同的生产思维大多已经渗透到各自员工的行为中。

在同一企业，这两种生产模式并存的时候，比如汽车零部件的生产，这种不同大多作为企业内部决策上的争执具体体现出来。人们最开始对这两种特性不同的生产模式的认识大多很淡薄。

由之前的案例可以看出，通常人们在观察其他行业的时候不由得会关注属性层面（产品种类及客户群体）的表面性相似。但真正应该关注的是关系/构造层面尚未被发现的结构性相似。特别是在互联网领域，因为去除现实世界中的物理限制这个限制条件，行业构造大幅改变。正因为如此，只要能够找到初看完全不同的行业及企业间的"结构性相似"，就一定能够获得新的发现。

哈佛商学院教授西奥多·莱维特这位营销大师讲述了以产品为中心的产业分类这种狭隘视野的危险性，可以认为他是通过"功能"看待产业的重要性。

迈克尔·波特的"五力"与"构造"的关系

在经营分析所使用的模型中，有代表性的是迈克尔·波特的"五力"（5 forces）分析。如图 5 - 4 所示，分析特定行业的构造时应该从五个角度来研究。

实际上，这也有助于解读"企业构造"并寻找存在结构性相似的行业。

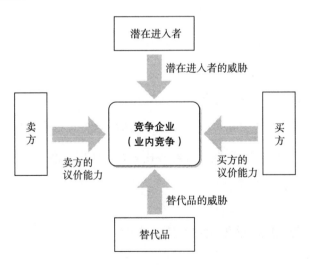

图 5 - 4　迈克尔·波特的"五力"结构

这五个角度分别是同行业竞争者的竞争、买方的议价能力、卖方的议价能力、替代品的威胁、潜在进入者的威胁。这"五力"因为行业的不同而有不同的构造，行业特性会因此有所变化。

运用这个模型进行的行业分析很多时候只停留于表层。只是简单从五个角度分析，无法接近本质。

"五力"模型本来是用于分析特定行业的"构造"的。因此，重要的是图5-4中五个角度间的关系——强弱关系及哪个处于支配性地位。通过理解这种整体构造，可以发现特定行业与其他行业的共通点，从而活用类比，引入行业外的对策。

例如，行业构造受产品生命周期的影响很大。在刚起步的新行业，业内竞争激烈，潜在进入者的威胁大。在相对成熟的行业中，业内在位者的数量稳定，潜在进入者的威胁变小，但替代品的威胁会相对提升。

作为其他要素，如果是装配制造业，从"零部件→半成品→成品"这一流程来看的话，正如"微笑曲线"原理所示，"上游"的零部件和"下游"的最终组装比较容易实现利润，但位于中间的行业很难实现利润。

金融领域是抽象化和类比的宝库

在以普遍性强、容易完全数值化的"货币"为对象的金融领域，类比思维非常实用。可以思考以下三个应用案例：一是将数学与物理学模型应用于金融领域，二是在金融领域内部互相借鉴，三是把金融领域的成果应用于其他领域。

案例一： 因为市场也是一定程度的"随机漫步"，通过借鉴物理学中的"布朗运动"进行类比建模，并进行数值方面的分析，金融领域取得了飞跃性发展。最初股价及汇兑等市场动向分析取得进展，就是因为实现了这种飞跃性发展。

案例二： "证券化"是以"未来会持续产生收益"为基础得出抽象化概念，是由股票、债券这些本义的"有价证券"派生出来的，后来被应用到不动产、贷款领域。通过各种类比，其应用范围逐步扩大。

案例三： 平衡管理金融资产的"投资组合"。将"考虑未来的风险及收益的同时最恰当地分配有限的资产"这样的概括化、抽象化总结应用于各种情形。向企业的多个项目进行投资，人才配置的最优化，工厂设备、办公大楼等的资产分配，都借鉴了产品组合矩阵（PPM）的思维模式。这也可以活用于 IT 项目投资分配的最优化。

另外，这也可以用于个人资产管理。比如，"人脉"的投资组合也是一样的。在考虑风险及收益的同时，平衡各种取舍，提高思考效率。当然，这也可以用于让"家庭收支"最优化。实物管理能力强的人会以同样的思路管理自己的金融资产。

根据历史的"构造"预测未来

法国经济学家、历史学家雅克·阿塔利在《21世纪的历史》一书中有如下阐述：

> 在客观记述未来发展之时，首先需要讲述人类过去的所到之处。未来应该也有某种普遍性，因此通过把握过去的历史构造，可以预测未来几十年后的发展。

能够发现书中所说的"某种普遍性"是预测未来的关键，以此开始进行类比思考。通过类比，提炼出"过去历史的构造"并应用于现在或者未来，在某种程度上有助于预测今后要发生的事情。这是预测未来的关键。

雅克·阿塔利从历史中提炼出的构造是这样一种"最大政治秩序的反复"，即从远古时代开始，人类的历史就是宗教人士、军人、商人这三大权力持有者轮流支配财富。根据这个基本构造，《21世纪的历史》一书既是在解说历史，也是在预测未来。

著有《驱动力3.0》和《全新思维》的丹尼尔·平克在其另一本著作《自由工作者的国度》中，运用"从构造层面理解历史"的手法，在2002年的时候预言"个人时代"的具体实现内容。在书中，丹尼尔·平克发现的"构造"是"个人"与"组织"的相对关系。以这本书为基础，笔者对这种构造变化进行归纳，如图5-5所示。

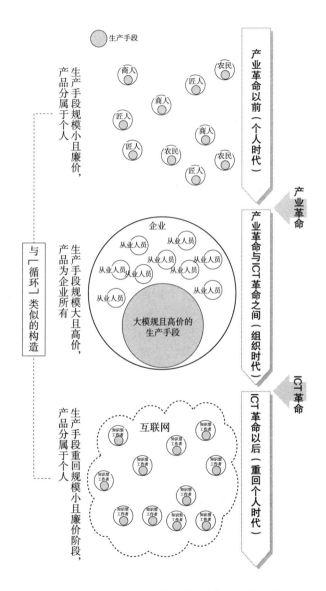

图 5 - 5　"个人"与"组织"关系的构造变化

需要注意的是，个人和组织的关系构造以"不需要大规模的生产手段"这种影响要素为诱因，由产业革命以后的"集中型"再次回到产业革命以前的"分散型"。

丹尼尔·平克还列举了个人与组织"关系的变化"，这也是从其他视角来看的构造性变化。以往的个人会对企业忠诚而企业保证个人工作稳定这种简单的交易关系正在逐步崩塌。根据这种变化，丹尼尔·平克在 2002 年预言"自由工作者时代"将要到来，不仅是在美国，在日本，互联网和云计算的发展毫无疑问也加速了这种趋势。

关键不是把历史现象作为个别的具体现象来理解，而是通过理解构造来预测未来。同类现象在"构造层面"反复出现的话，今后继续出现的可能性就非常大。雅克·阿塔利和丹尼尔·平克就是用这一点来预测未来的。

对历史的认识和研究，下面将介绍两种方法。

如图 5-6 所示，所有事物都有表象和内部构造两个层面（构造会因为人的解释不同而不同）。如何看待这些内部构造，能够把学到的知识活用到何种程度，会随着学习历史的方式演变而发生变化。

第一种方法是把各种现象"背诵"下来。仅用这个方法的话，只要不是一模一样、原原本本的现象，就很难"向过去学习"。

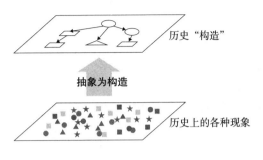

图 5 - 6 各种现象及其构造

第二种方法是关注各种现象的发展及关系，或者关注现象的构造，这样才能进行类比。这样一来，很容易发现现在和过去发生的事情是相同类型的。越是巧妙地进行抽象概括，就越能大幅扩大类比的范围及提高类比的质量。

从这个角度来思考现在的历史教学，因考试的需要，学生沉浸在背诵学习各种历史现象之中，"理解构造"这种训练不足。学习历史的意义不仅仅在于单纯地提升个人素养，也不仅仅是记住哪一年发生了什么，还要能够至少以百年为单位理解历史的发展，以此"解读历史构造"。

这并不限于中小学的学科教育，商学院进行个案研究也是相同的道理。仅仅讨论各个企业的好坏是无法付诸应用的，终归还是要解读其构造并与自己的课题进行关联，在如今这种不确定性很大的时代特别需要这样做。

前文讨论的电力网与互联网的案例也是同样的道理，仅仅思考个别的具体现象无法掌握构造性变化，抓住了各种现象的关联性及本质构造才能活用类比。

"组织"和"个人"的类比

正如丹尼尔·平克所指出的那样，"个人"与"组织"的关系发生了变化，从"以组织为中心、以工作为重"这种价值观转变为开始重视个人活动。在当今时代，个人也需要进行跟组织一样的"战略性"活动，从这个层面来说，活用组织的方法论的重要性随之提升。

作为组织的企业活动与作为工作者的个人活动也可以通过类比相互借鉴。从类比角度来看，由"先进领域"向"落后领域"（或者是尚未涉足的领域）输出非常重要。

个人与组织可以相互借鉴的领域如图5-7所示。

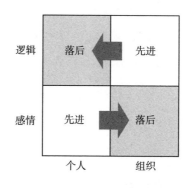

图5-7 "个人/组织"与"逻辑/感情"矩阵

首先考虑逻辑这个方面。不同于个人喜欢感情用事，一般来说组织是按照逻辑来运行的，所以不难想象组织将逻辑领域作为研究重点。

如图 5-5 所示，"组织时代"在产业革命后持续了几百年，组织管理、竞争战略、营销手法、会计及财务管理等方面的研究一直在发展，实践也在不断进行，所以各方面都十分成熟，存在完成度非常高的方法论。

相反，个人并不能那么有体系地思考战略与管理。比如，真实反映个人爱好并不是那么简单，不是"用道理就能说清楚"的。但实际上逻辑领域的方法论在个体身上也能发挥很大的作用。换言之，也能够探寻个人向组织"输出"的可能性，见图 5-7 中右向箭头。

战略论及战略性思考方式原本就如"战"字所示，是为了在以前的战斗与战争中胜出而提出并发展起来的。近年来，通过类比应用于企业业务中的战略论的范围在不断扩大，借鉴的方法也在不断丰富。

并且，如前文所述，互联网等的发展带来了历史构造的变化，个人的重要性随之相对提升，个人进行战略性思考的需求也随之增多。根据类比的基本思维方式——"从先进领域借鉴"这点来考虑的话，把先进领域的各种方法论应用于个人是合乎道理的。换言之，就像"战争中的国家→竞争中的企业→个人"这样，主角随着历史构造的变化一直在改变。

在人类历史中，国家与国家之间、民族与民族之间的战争一直不断，因为关乎生死，所以形成了各种成体系的方法论。像孙子兵法、克劳塞维茨的战争论这些有代表性的著名理论，现在的商务人士也是必须学习的。线性规划与决策理论所应用的运筹学原本是在战争中提出并一直沿用至今。

战争具有关乎生死的严肃性，国家也将很大一部分预算投入其中。所以，战争作为"研究对象"，大多都是"先进领域"，实践案例非常丰富。如今也可以按"战争→组织→个人"这种路径来进行类比借鉴，战略论的应用范围在不断扩大。

与之相反，在感情这个方面，个人却领先一步。例如，关于维持客户关系的方法，即使不读厚厚的、难懂的市场营销书籍，通过个人的日常经验也能类比借鉴。

比如，结交新朋友→开发新客户，维持与老朋友的关系→维护与老客户的关系，由此看来，个人交往的方法论实际上与业务中的方法论"几乎相同"。

安索夫矩阵的应用

企业经营战略中的"成长战略"可以直接用于职场人士的成长。企业成长战略的表现形式是"安索夫矩阵"，如图 5-8 所示。

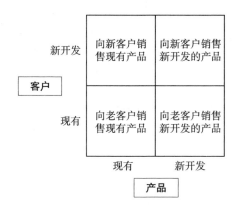

图 5 - 8　安索夫成长战略矩阵

　　成长战略有 4 种可能，分别是向老客户销售现有产品、向新客户销售现有产品、向老客户销售新开发的产品、向新客户销售新开发的产品。安索夫矩阵是研究这些可能性的框架图。

　　这也可以类比应用于个人成长。把"客户"抽象为"交往对象"（人际圈），把"产品"抽象为"自身优势"（可以给他们提供的价值），这样置换思考的话，就有 4 种情况：在现在的圈子中发挥自身优势；开拓新圈子，发挥自身优势；提高自身优势，应用于现在的圈子；提高自身优势，并开拓新圈子。

　　除此之外，企业的很多经营战略也适用于个人成长，具体如表 5 - 4 所示。

表 5‑4　企业经营战略适用于个人成长实例

经营战略	适用于个人成长实例
营销 4P 理论	"找工作" "找伴侣"
品牌创建	如何树立自己的声誉，提高价值？
技术革新的困境	过去的成功经验会成为一种智力负债
平台战略	把个人的人际圈"平台化"并建立关系
开放型技术革新	不是全部自己做，外包自己不擅长而他人擅长的事项
产品生命周期	根据不同的人生阶段而有所变化，有时预付资本，有时选择"舍弃"。
R&D 投资战略	如果不先行投资自己，就不由得会陷入每天需要"赚日进款"的境地。

营销 4P 理论和技术革新的进退两难

首先考虑市场营销 4P（product，price，place，promotion）理论。如果"销售产品"→"营销自己"这个类比成立的话，就可以把"找工作""找伴侣"看作"市场营销"，所以打磨"自身"这个产品非常重要。4P 理论还告诉我们应该考虑价格（是"高价销售"还是"低价销售"）、渠道（找什么样的门路）、宣传等。

"品牌创建"以前也同样被认为是企业活动，现在"品牌创建"对个人来说也很重要，这也可以类比运用企业的方法论。

企业通过破坏性技术革新获得的优势在下一次技术革新到来时就成了一种负债，这种"技术革新的困境"也能应用于个人。

经常会有这样的情况，过去的成功经验成为脚镣，对新技术及环境变化的适应落后于其他人。

关于如何构建个人的人际圈，可以借鉴"平台战略"及"开放型技术革新"这些理论。即充分发挥个人优势，建立个人"平台"，成为圈子里的"中心人物"，人际圈会因此更加稳固。由开放型技术革新类比，应充分发挥个人优势，把自己薄弱的事项"外包"给专业人士。

开放型技术革新过程中的"障碍"对企业和个人来说也是相同的，也可以作为参考。以前"自力更生"一直是日本企业的特征，自力更生既好也不好，因为过度自力更生是开放型技术革新的"障碍"。这也可以叫作 NIHB（not-invented-here bias），主要是不相信他人提出的东西；对于一个开放的问题，总是本能地、非理性地维护自己给出的答案。这是开放型技术革新无法取得进展的主要原因。

这种"障碍"从个人角度来看，与"无法把工作交给他人"基本一致。进一步也可以这样认为，"成功经验越多、越'优秀'的人就越符合"这种情形也适用于企业。

所谓"时间和金钱的分配方法"，就是投资组合的思考方式，这也能用于个人。例如，企业的 R&D 投资如果不确保先行投资一定的比例，不由得就会致力于"赚日进款"，无法"为未来做好储备"，这也与企业的资源分配相同。

"输送管道"的应用

再举一个应用范围可以无限大的例子。如果抽象概括的话，"输送管道"与"投资组合"的原理相同。这是把水从管道中流出（实际上，管道里的水会有回流，运用了水会一点一点变少这个类比）的过程抽象化并进行各种应用的例子。

输送管道如图 5-9 所示。

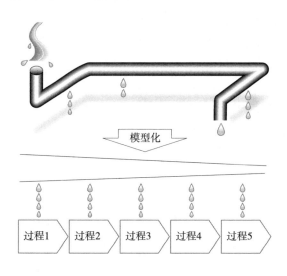

图 5-9 "输送管道"印象图

这是把"经过各个阶段，一定数量的事物渐渐减少"这一现象抽象化、模型化。其应用最广泛的是销售案例。在企业中，销售能力自动化（SFA）作为客户关系管理（CRM）系统的一个业务组件，应用的就是输送管道中的水流原理。

所谓 SFA，是指在销售过程中，针对每一个客户、每一个职业领域、每一个销售机会，基于每一个人员行动的科学、量化的管理和分配，可以有效支持销售主管、销售人员对客户的管理、对销售机会的跟踪，能够对有效销售进行规范，实现团队协作。

为什么要实现 SFA 呢？这是因为，在销售过程中，任何一个客户、任何一个机会，从一个阶段向下一个阶段发展，都需要一定的时间，并且伴随一定的损失，从而形成一条销售按阶段发展的销售管线。

而按照不同的人员、区域、产品、客户类别、时段等形成不同的销售管线，就可以准确了解销售进程、阶段损失，发现销售规律及存在的问题。简而言之，就是能分析销售管线的哪个阶段存在潜在成交机会、哪个阶段是瓶颈。

抽象化——"结构建模"

在各种领域可以应用的概念还有"结构建模"。结构建模原本是应用于建筑领域，是通过整体构成与结构展示解释概念的一种方式，也可应用于编程及抽象概念。

建筑设计的理念同样可以用于把程序比作"非建筑结构物"的所有场合。通过从有形到无形的类比思考，你会发现，哲学领域也可以进行"结构建模"。对称地思考各种现象时，哲学上的结构建模非常重要。

例如，在修订企划书的过程中，治标不治本地进行条款修改和改变整体结构是大不相同的。这一点可以借鉴建筑领域的结构建模。更改或修缮建筑物设计有两种不同的方式：一种是对症疗法，如每个插座和每扇门的位置都按要求修改；另一种是考虑修改整体结构。由此看来，这与建筑领域的结构建模也是相通的。

无论是编程、哲学思考还是写企划书，对大型、复杂的"非建筑结构物"，一定要有基本的思考方式，即结构建模。不这样做的话，就会缺乏统一性，如"变量的选取方式前后不统一""哲学原理不具有普适性""文章的人称改变了"。

"金钱"和"时间"的类比

正如"时间就是金钱"这句名言所说的那样，"时间"与"金钱"具有相似点，表5-5把两者的不同点和共通点一并展示了出来。

如表5-5所示，金钱和时间的共通点是，它们都是"用于达成某种目的的手段，是有限的，并且可以作为在同一条件下比较多个对象的重要性及优先顺序的测量'尺度'"等。

表 5－5　时间与金钱的共通点与不同点

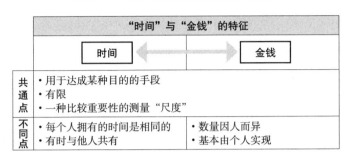

"时间"与"金钱"的特征	
时间	金钱
共通点	• 用于达成某种目的的手段 • 有限 • 一种比较重要性的测量"尺度"	
不同点	• 每个人拥有的时间是相同的 • 有时与他人共有	• 数量因人而异 • 基本由个人实现

根据这些共通点可以提出这样的假说：时间与金钱可以互相类比。

按照"落后领域借鉴先进领域"这一准则，先来看看时间在哪些方面领先，再考虑金钱在哪些方面领先。例如，"投资组合"这个方法通常用于金钱管理，那能不能用于时间管理呢？

就个人而言，时间与金钱的管理难道不能像图 5－10 那样相互借鉴吗？

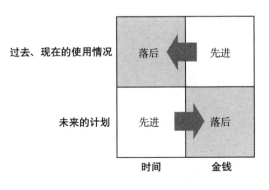

图 5－10　时间管理与金钱管理相互类比借鉴

图 5-10 以矩阵的形式展示了时间管理与金钱管理在"过去、现在的使用情况""未来的计划"两个方面的表现。就"使用情况"来看，人们会以"家庭收支账本"这样的形式对金钱进行管理，那时间又如何管理呢？人们虽然嘴上总说"忙、忙"，但是对于"使用了多少时间"这个提问，能够脱口做出回答的人几乎没有。在企业中也是同样，虽然"财务报表"哪家企业都有，但几乎没有企业明确记录时间的使用情况。

反之，考虑"未来的计划"就会发现，人们至少会将几个月后的安排"以天为单位"井然有序地写在日程表中。在企业中"以天为单位"制订计划也是必须做的。然后再考虑金钱，"以天为单位"做计划是很难想象的（这方面企业要比个人做得略好一些）。

综上所述，就"过去、现在的使用情况"而言，金钱领先；就"未来的计划"而言，时间领先。但从应该好好规划管理重要资源这个角度来看，时间管理和金钱管理是相同的。对于两者的落后方面，能够想到的是学习对方的先进方面。例如，开发管理两者的应用程序（App）时，可以参考彼此的"先进方面"。

此外，利用时间管理和金钱管理的其他共通点，也能学到各种各样的知识。比如，"价格高"经常是合同洽谈失败的原因。下面以时间管理来类比思考这个原因。

如前文所述，时间与金钱都可以作为同一条件下"比较多个对象的重要性及优先顺序"的测量"尺度"。关于这一点，有一个假说会成立，即"只要价格高，顺序就会靠后"。也就是说，这与通常所说的"因为没有时间""因为忙"是相同的。"因为忙，所以没做××"一句话正对应"顺序靠后"。

但"因为忙，所有没做××"并不是绝对成立的，"没做××"还有可能是因为别的很多原因。

由此看来，认为"因为价格高输给了其他企业"的时候一定有其他真正的原因，但真正理解这一点的销售人员不多。以时间管理类比思考，就会有各种发现。

源自热销产品"理念"的策划

通过类比产生的创意经常用于新产品的开发。

提出有关新产品开发的创意时要重视"理念"。理念之所以重要，理由之一是，对"类比"有所了解的话更容易借鉴创意。理念是"抽象化"的结果。

《热销时尚日用品航海记》一书介绍了根据理念层面的共通点从其他行业借鉴创意的具体事例，即面向产品策划负责人进行问卷调查，汇总了对"受到热销产品影响的产品是什么？"这个问题的回答结果。其典型代表是酒水及汽车行业以各种形式引入优衣库理念。

如图 5-11 所示，新产品是先对热销产品的"理念"进行抽象概括，然后类比、借鉴完全不同行业的热销产品的"理念"。

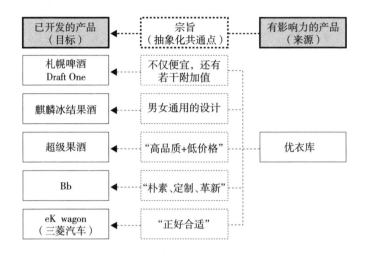

图 5‑11　新产品开发中活用类比的案例

以抽象化思维思考"企业的核心竞争力"

下面从产品策划通过抽象化思维寻找非表面的、构造层面的共通点，从而类比借鉴这个角度介绍具体应用实例。这种思考方式在充分发挥企业的核心竞争力，进行多元化经营时可以应用。

曾经在唱针市场占有压倒性市场份额的 NAGAOKA 公司因为电子化的急速发展在 20 世纪 80 年代濒临破产。在坚持生产唱针的同时，NAGAOKA 公司做出的战略性选择是经营多元化。2003 年，第三代社长长冈秀树提出一个新的挑战，把 NAGAO-KA 公司的优势从"唱针"这个产品层面提升到"加工坚硬、精密产品"这种抽象化层面，充分发挥原本具有的生产精密零件的优势，开发精密测定仪器中使用的触针、小型磁铁、大规模集成电路检测探针这样的新产品，并大获全胜，唱针仅占公司业务的 10％。

综上所述，通过对本质进行抽象化，把本公司的优势从简单的产品层面提升到构造层面，最终能够把经营范围拓展到看似没有直接关联的产品上。这也可以应用到其他行业与产品中，在进行多元化经营及新产品开发的过程中非常有效。

小结

▶活用类比最多的是科学领域。在各种领域中，借鉴"完全不同领域"的创意有助于实现重大突破。

▶在工作中活用类比需要寻找"初看不同，实际上构造相似的行业"，因此需要关注"企业特性"。

▶"学习历史"也是能够活用类比的途径之一，不是以各个具体事件的集合来理解历史，而是理解"构造的变化"。

▶在个人成长中，通过类比思维，活用经营学等领域中的"企业知识"也会有很大的帮助。

第 6 章
如何培养类比思维？

前一章介绍了类比的作用及具体事例，本章作为最后一章将介绍"如何培养类比思维"。

类比思维是任何人或多或少都具备的能力，所以如果不是想有意识地使用，就不需要特地培养。

本章首先从类比的首要目的之一，即提出"欲提高……则需要……"这个问题开始来思考类比的强化方法。

最后会介绍进行类比思考的"注意事项"。类比是一把"双刃剑"，随意使用的话有可能会沦为牵强附会的产物，所以要多加注意。

进行类比所需的"关联力"

在此要明确的是对用于激发创意的类比的定位。本书首先介绍丰富创意所需的要素,之后再阐述强化类比思维的方法。

把创意大师的创意分解成两个因数

有的人创意丰富,能够接连不断地构思崭新的创意,这样的人具备什么样的能力呢? 如果认为"那是天生的",就没有讨论的必要了。也就是说,如果称之为"艺术",那就无法再深入研究了,但它们会有某些共性。如图 6-1 所示。在这一章中,我们把前文一直使用的"借鉴力"更为中立性地表示为"关联力"。

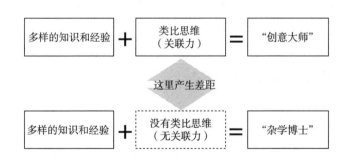

图 6-1　"创意大师"与"杂学博士"有何不同?

在此,通过与"杂学博士"对比,把创意丰富的"创意大师"的能力来源进行因数分解和定义,可以得出如图 6-1 所示的两个要素：第一个是不断积累多样的知识和经验；第二个是本书的主题——类比能力，即关联力。

首先讨论第一个要素——多样的知识和经验。类比既然是一种关联力，如果原本的知识和经验不足，那么关联就无从谈起，增加新知识和新经验更无从谈起。因此，需要具备丰富的知识和经验。

不过，应该注意知识和经验的"多样性"。由上述说明可以看出，这种情况下，比起"专研一个领域几十年"这样的经验，尽可能地积累"不同类型"的经验更加重要。比起一个行业的经验，更应该积累多个行业且"相隔甚远"的行业的经验。比起国内经验，更应该尽可能地积累国际经验，或者与年代、性别不同的人交往等。总之，各个方面的多样性都是有益的。

概括来说的话，"多样的知识和经验"与"抽象化思维能力"相辅相成，就会激发创意。

为什么"玩耍"很重要？

在丰富创意的过程中，"玩耍非常重要"。我们从类比的角度来考察，其中的一个理由是，"玩耍"有助于获取"多样的知识和经验"。

由此可以充分说明创意丰富的人也会重视"玩耍"。因为思考"工作"和"玩耍"这两个对立项时，离工作位置最"远"的是初看毫无关系的"玩耍"。反过来思考的话，在"玩耍"中最能起作用的可能是工作中的经验。

比如，工作技能提升的实际经验也许能够在运动能力提升方面发挥作用，团队管理、项目管理经验也会在团体体育比赛中发挥作用，例子可以举出很多很多。这种时候重要的是由"先进领域"向"落后领域""输入"创意及知识、见解。

哪一个领先，哪一个落后？关于这一点，无法设定适合所有人的一般基准。因为情况因人因时而异。换言之，重要的是要经常做这样的类比思考，即能否从个人的角度来思考其"领先的方面"，提升"落后的方面"。

无法实际运用书中和课上所学知识的原因

以提升技能为目标的商务人士大多会有这样的烦恼："在看书时和课上，都会有'原来如此'这样的恍然大悟。而一旦想要运用到工作中，思考瞬间就会停止，不知道如何运用。"甚至以前出现过的问题现在有的也无法理解。这种情况是如何产生的呢？可以说，原因在于关联力的缺失，也就是类比能力的缺失，如图 6-2 所示。

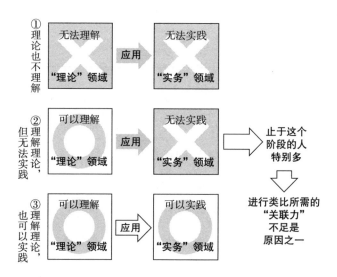

图6-2 理论学习与实践无法产生关联的原因

首先，理论上理解不了是第一道关卡。

理论由于是他人表述的，或者是为了提高通用性以抽象语言表述的，所以大多难以理解。典型代表就是"学术书"：语言很抽象。学术用语一般是"概括性"的，所以费解、抽象很正常。

其次，理论上可以理解，但无法付诸实践是第二道关卡。这是阅读相对易懂的入门书及参加讨论会时容易出现的情况。问题在于把所见所闻抽象化，并套用到自己的工作及生活中的类比能力（关联力）不足。一般面向初学者的书籍和课程对"指导性"及"实用性"的要求很高。这是理所当然的。然而，具体的说明虽然易懂，但也会存在某种意义上的"陷阱"。

理论一旦具体化，马上就会产生关联力。关键是要具备把自己的理解抽象化并关联到工作和生活中的类比能力。实际上，通过具体讲述，就会突破第一个瓶颈，由图6-2中的阶段①进阶到阶段②，但跨越阶段②和阶段③之间的障碍单凭具体讲述还是很难实现的。

把影视剧等与现实混同是因为什么？

理论领域与实务领域是相互关联的。同样地，虚拟世界与现实世界也是相互混同、关联的。

其本质原因之一是无法将虚拟世界与现实世界分开思考。"应有的姿态"是认识到现实世界与虚拟世界的区别，并将二者"进行关联"。

通过这些事例可以得出这样的结论，即在分别理解每一个领域之后，对其共通点进行抽象概括并应用到其他领域的类比思维是在所有场合都能发挥作用的智慧。理解"两个世界"并"进行关联"不等于"混为一谈"。

看电影、电视剧及读小说时追求真实感，有"这个情节设计很奇怪"这样的感想，也可以说是因为同样的思维方式。也就是说，无法将现实世界与电影、电视剧、小说所描绘的虚拟世界区分开。

"电视剧就是电视剧"，能够这样理解电视剧并把它巧妙地借鉴到现实世界时，当它的情节设计在真实感上有所欠缺，可以作为"枝叶"舍弃掉。

有时候，感觉虚拟的故事和世界失真，恰恰是还能进一步对现实世界加以抽象概括的证据，关键是要"跨界思考多个领域"。

"实践性训练"的功过

就人才培养过程中的训练内容而言，大家经常指出"实践性训练"不足。仅仅是解释所谓"教科书式的"原理、原则，很难关联实际工作，这一点经常作为问题被提出。因此，有这样一种主张，即应该直接进行具体、有效的实践性训练，但这里也有应该注意的方面。

通过加强实践，使学到的知识不止步于理论层面的理解，而是能够被运用，可以说是学习的意义所在。但应该注意两个问题：第一个问题是，如果把所学的内容全部转化为"马上可以实践"的、具体的内容，就无法加强学习者处理抽象概念的能力——不具体解释就无法实践，形成这种习惯非常危险。

如果借鉴其他领域中对应相同抽象层面的"横向关联力"，"纵向关联力"就是把教科书中出现的抽象概念展开应用到具体领域中的能力，或者反过来把身边的个别现象抽象化，再关联应用到其他领域中的能力。那没有"关联力"会如何呢？如图6-3所示。

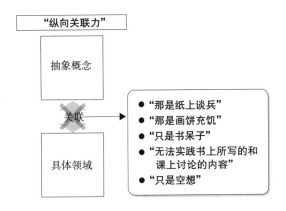

图 6 - 3　无"关联力"会如何?

实践的短处就是不具备这种"纵向关联力"。

第二个问题是"实践性训练"一般都是具体的,所以只能应对个别现象。具有抽象化思维的最大好处是,能够应对具有同样性质的情形。但实践性训练可能只针对某一个问题,如果不能触类旁通,这种学习方式就会显得低效。另外,内容方面也会有不足之处,即只要是具体的,在某种程度上很快就会变得陈旧。

综上所述,实践性训练也会有不足之处。它在锻炼思维能力的过程中明显会成为负面因素,这一点需要充分注意。

有一技之长的人会有多技之长的原因

既有"专注一行几十年"的匠人型专家,也有这样一类人,他们有一技之长后在各个领域都能发挥所长。这些人的抽象化思维及关联力可以说极强。有一技之长的人分为两种类型，一种是在其他领域完全做不好的"窄路行家"，另一种是在任何领域都能做好的多面手。

划分的依据是，是否具有"关联力"。一行做到底的人在其专业领域中的知识和经验不容小觑，他们抽象概括出一整套方法论，所以只要抽象化，便可以无限应用于其他领域。如果仅仅是得出某个领域的一项一项具体知识，就完全无法应用于其他领域。这就是区分这两类人的决定性因素。

由此看来，"杂学博士"和"窄路行家"本质上是相同的，都可以说是类比能力（关联力）不足。

总是把所有的现象纳入自己的关注之中

在日常生活中锻炼类比思维，最重要的是把身边的事物全部关联起来思考。这样一来，1 个经验就可以化为 2 个经验、3 个经验甚至更多。

用一句话来说，就是"把所有的现象都与自己建立联系"。"把在玩耍中学到的知识活用到工作中""把工作中的经验运用到玩耍中""把生活中的待'客'经验活用到销售活动和产品策划中""听完演讲，把它引入自己的方案说明中"等。1 天 24 小时，1 年 365 天，任何时候都是激发创意的好时机。

需要注意的一点是，如前文所述，要一直保持所谓"架好接收天线"的状态。除了保持"一切都要建立关联"的思维方式外，还要有高度的目的意识。正如前文所述，类比的第一步是要找到想要解释的现象，有意识地思考"问题是什么"。

牛顿之所以发现万物运动的规律，就是因为时刻保持高度的问题意识。整天满脑子思考这件事的牛顿看到苹果从树上落下，并把它与自己的研究联系起来，也是情理之中的事。因为他所谓的"天线灵敏度"非常高。

类似的事情在日常生活中也有可能发生。工作处于瓶颈期时，因为某次"偶然"，有时灵感可能就会闪现出来，但其实这未必是"偶然"。

要想有丰富的创意，跳出舒适区也是产生下一个"偶然灵感"的过程中非常重要的一环。特别是在类比思维中，"借鉴看似完全不同的领域"非常重要。正因为"天线总是处于接收信号"的状态，在任何时候都有可能启动"关联力"。

从"回转寿司"中能学到什么?

"回转寿司店"可以说是"类比的宝库"。回转寿司的创意本身源自啤酒瓶的生产线。那从"回转寿司"中可以借鉴什么创意呢? 就"表面性相似"而言，除了寿司之外，甜点、小菜、饮品等也可以放在盘子中回转。

就"结构性相似"而言，我们可以从"回转寿司"的整个商业模式着眼。比如是"预估生产"还是"接单生产"？两者的比例可以灵活地调整，这也是"回转寿司"的商业特征。

另外，在管理新鲜的食材方面，就"库存管理"（把寿司看作"库存"）而言，用 IC 芯片自动管理、"长期滞留的库存自动废弃"等也可成为参考。

以盘为单位的标价方法（所有的都是统一价格或者分几档等），以及机械化的计算系统等，有时也可以在企业产品推出方式及价格管理等方面成为参考。

生产线是由机器操作还是人工操作？它们的比例也会因店铺的不同而不同。连同它们的长处与不足一起来看，就会浮现出各种想法。

只有吧台桌还是只有餐桌，抑或是两者都有？对座位分配的考虑跟"商务包和预算管理的类比"的案例研究几乎是相同的。

与表层观察相比，通过从构造层面观察事物可以获得各种各样的新发现。

工作中"对方是客户"，日常生活中"自己是客户"

无论是谁，无论在什么场合，"站在对方的立场上思考"一般较难做到。特别是在工作中，"站在客户的立场上思考"是最基础的。这时，可以通过"客户-供应商关系"中"自己是客户"

类比"对方是客户"来理解，如图 6 - 4 所示。

不仅是"站在对方的立场上思考"，还可以从多个角度理解"客户-供应商关系"。

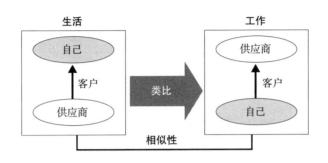

图 6 - 4　"转换立场来看"

这看似理所当然，实践起来却非常困难。因为如果不是一直保持"客观审视自己"的反省认知，就无法"转换立场来看"。反省认知是摆脱主观认定、客观看待事物的能力，这在类比思维中是非常重要的概念。

不论是在餐饮业还是在其他行业，只要是直接面对客户的职业，拥有一流水平的人总是站在客户的立场思考产品和服务。

锻炼类比思维的过程中，站在对方的立场考虑问题非常重要。通过这种方式类比思考，可以丰富自己的创意。

认为"不同"的话，思考就会停止

在类比思考的过程中，最重要的是"把所有的事物关联起来"。所以，反过来说，最大的禁忌是把个别现象看作"特殊的"。

人往往会特殊地看待自己。但从第三者角度客观来看的话，大多会觉得"与其他情况是相同的"。类比思维的根本是"寻找共通点"，这一点在前文中一直反复强调，所以最重要的是把目光放在共通点上。

"自己的行业很特别""因为自己的情况很特殊，这种案例不适用"，这样想时思考就会停止。我们需要有这样的认识，即人们大多会把与自己相关的事情放大来看。确实，无论是哪个行业，都有一定的特殊性。但如果因为"受特别管制束缚"等表层理由觉得自己的行业非常特殊的话，特殊性所包含的范围就会特别广。

这些特殊性难道就是行业特性？还能够继续分为共通点和特殊性吗？仔细观察并进行抽象概括的话，真正的特殊性应该不会停留在那个层面。

在此应该注意的是，本书反复强调的"表面性相似"与"结构性相似"的差异。类比终归要落到"关系/构造层面"，仅看表面上的相似或不同点的话无法进行类比。肉眼看得见的相似一般是表面性相似，为了找到结构性相似，还需要深入思考。

总之，要寻找共通点。如果无法直接找到的话，就要尝试寻找抽象层面的共通点，这就是类比思维的"零阶段"。

在抽象层面记忆

要想活用类比，有一点在平时就得留心，即体验各种事情的时候，不要仅停留在具象层面，更要在某种程度上对这些体验进行分类并在抽象层面记住。就像类比过程中需要基础领域，这个基础领域是目标领域的创意源泉。如果在具象层面把数量庞大的知识保存在记忆中的话，每次回忆它们都会非常吃力。

因此，最开始就要在抽象层面进行记忆。创意丰富的人经常有这样的表达："把创意收到抽屉里""把创意从抽屉里拿出来"等。这恰恰是指，知识和信息在大脑中抽象化并再度具体化的过程，如图 6-5 所示。

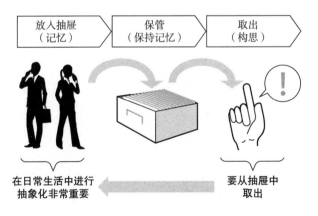

图 6-5　类比构思从记忆开始

作家村上春树在被问及创作的原动力时，是这样阐述如何活

用"抽屉"的:

> 人在几十年的生活中会不断积累记忆和经历。但很多人会把它胡乱扔进内心世界的抽屉。即使要求他们好好整理自己的记忆，他们大概也不知道如何着手吧。但是，只要设定恰当的体系并自我训练，很多人可以在某种程度上很好地整理自己的感觉。我也是把自己内心世界的抽屉一个一个打开，整理应该整理的东西，把能够引起人们共鸣的东西一件一件取出，用文字表达出来。开始整理的那一刻，我不知道从我内心世界的抽屉里会蹦出什么。

打个比方来说的话，就好比把新鲜的鱼放在冰箱里冷冻，要食用的时候再解冻。"冷冻"就是抽象化，"解冻"就是具体化。

那么，把日常体验"暂且收到抽屉里"是什么样的感觉呢？下面通过例子来分析一下。

比如，在日本，乘坐出租车时会听到这样的广播："为了您的安全，请系好安全带。"如果习惯了的话就会觉得没什么，但第一次听到的时候难道不会大吃一惊，不由得把手伸向安全带吗？

这种体验只是在具象层面记忆的话，只要你不是出租车司机、不是从事出租车设计的工作人员、不是出租车公司的经营者，你就不会把这个经历"取出来使用"。

那么，要在某种程度上进行抽象化并收到抽屉里，应该怎么做呢？不妨把这种经历稍做概括并进一步思考。

例如，针对"对初次不寻常的经历会有所反应，习惯后就不再有反应"这种情形，可以这样记忆："如果是机器自动、机械性地播放，人们就会规规矩矩地听从"。

由此类比，如果你要求某人采取与以前不同的做法，这时就应该想到出租车广播的情形。它们两者其实有"相同的构造"。

无论是在什么领域，作为"让对方在行动上做出改变"的启发，都可以运用上述经验。

抽象化思维的训练方法

如前文所述，抽象化思维能力是进行类比思考所必需的。下面我们说说如何锻炼抽象化思维能力。在日本的学校教育中，以数学为代表的学科会采取各种形式进行抽象化思维教育，但没有向学生过多普及"抽象化"这个概念。其结果是并没有告知学生这门学科需要训练抽象化思维，学生在考试前仍然死记硬背，很多时候都没有效果。

笔者认为，学校教育中最利于培养抽象化思维的是数学，这种思维训练是通过理解抽象概念进行的。还有物理学中的"模型化"，也是非常合适的训练场。从这个意义上看，理科生有意无意间都在进行抽象化训练。

如前文所述，不论什么职业，抽象化思维（或者说"理科思维"）都是拿出新创意所必需的能力。

正如物理学中将物理现象模型化，在工作中也可建立工作模板。"模型化"绝不是理科生和技术人员的特定技能。

下一节介绍抽象化思维的训练工具。

智力游戏是合适的训练工具

智力游戏是透视内部构造的训练。来看一个例子，如图 6-6 所示。

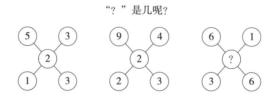

"?"是几呢？

图 6-6　智力魔珠例题

请大家思考一下"?"所在的圆圈里应该填入什么数字。

要想掌握"透视关系/构造"这一技能，常做这种智力题是非常有效的。"智力测试"中通常包含很多道这样的题目，透视内部构造的能力是人类智慧的体现。

需要注意的是，在做智力测试题时发挥作用的思考要素，在实际生活中也能发挥完全相同的作用。前面在介绍抽象化思维时也提到过，能够解释我们日常现象的基本原理的数量是有限的，不能仅将智力游戏作为一种游戏，而要把它当作抽象化思维训练的一种工具。

不让智力游戏仅仅作为游戏结束

上文以透视内部构造为要点讲述了直接相关的智力测试题，根据应用方式，概括性稍强且复杂的智力测试题也可以直接类比运用到实际领域中。此时需要的是"关联力"，"不让智力游戏仅仅作为游戏结束"。下面举一个具体的例子。

史蒂文·平克在其著作《思考的语言》一书中把"汉诺塔"这个有名的智力游戏与人类实际生活中的问题进行关联。首先，我们简单介绍"汉诺塔"，如图 6-7 所示。

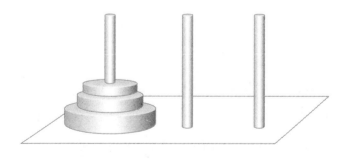

图 6-7 汉诺塔

这个游戏要求把套在图 6-7 最左边的柱子上大小不同的三个圆盘全部移到最右边的柱子上，圆盘一次只能移动一个，而且小圆盘上不许放大圆盘。要怎么移动呢？大部分人稍微思考一下应该就能得出答案。那我们进入下一个问题。

喜马拉雅深山的一个旅馆里，主人与一位老人及一位年轻人在开茶会。首先从年轻人开始，按顺序进行三项工作——添柴、端茶、吟诗。这个过程会多次重复，每一次结束时任何人都可以主动申请说："我可以替您做这项麻烦的工作吗？"不过，前一个人在做的过程中，帮忙的人只能替他做最简单的工作。按习惯，在茶会最后，三项工作必须全部由年轻人来做。那怎么安排呢？

其实，这个问题就与汉诺塔"构造相同"。只需把三根柱子换成三个人物，把三个圆盘换成三项工作。

这个例子说明了，对于日常生活中发生的事情（这个例子未必是日常生活中发生的），透视其内部构造的重要性。我们平时随意的对话中理应有某种"构造"，但仅仅关注表象是无法对其进行活用的。这样做意味着，永远无法打开类比这扇拥有无限可能的大门。

喜欢玩电子游戏及智力游戏的人很多，但其中到底有多少人能够从"这与实际生活'相同'"的角度来看待这两种游戏呢？

也存在游戏理论，把游戏世界中的构造应用到经济及经营领域。只要巧妙地将人类动向抽象化、模型化，游戏世界中使用的战略就可以直接应用到现实世界中。

我们这里说的是把身边的现象模型化、抽象化的一个具体方法，这正是物理学、数学及经济学领域经常使用的手法。

越是"看似不能即刻奏效的书"越有用

对锻炼抽象化思维能力最有效的书，不是读完就立竿见影的那种，相反，恰恰是那些看起来不能即刻奏效的。主要原因如前文"'实践性训练'的功过"中所述。"看似不能即刻奏效的书"更能发挥作用，有两层含义。

第一层含义是，无即刻效果意味着抽象化程度更高。

只阅读操作指南类的方法书对"提高抽象化思维能力"是完全没有效果的。涉及抽象概念的书一般都比较"难懂"。阅读这类书籍时，需要把它们与自己日常生活中的经验关联起来并从抽象层面进行思考。阅读数学及哲学书籍时，这种方式非常有效。

如前文"'实践性训练'的功过"中所述，光吃易消化的东西，自己的咀嚼能力和消化能力都会退化；尽使用具体且直接有效的方法，自己的抽象化思维和类比能力也会下降。初涉未知领域时，具体的方法特别有效，但从某个节点开始阅读抽象化程度更高的书籍是非常重要的，这样可以提高类比能力。

第二层含义是，阅读与自己所处的领域"相隔甚远"的书籍。仅凭抽象化思维无法进行类比思考。把自己的专业知识和经验与"相隔甚远"领域的知识和经验关联起来，才能产生新的创意。

跳出类比的误区

前文叙述了类比的目的、作用及具体方式。在形成新创意的过程中，类比当然也不是万能的，也有"注意事项"。

类比对丰富创意的作用很大这一点确定无疑，但在类比的过程中也需要避开一些陷阱。下文在总结前文的同时，也介绍了类比时的注意事项。

类比是"旁证"，不是"主证"

正如前文所述，类比不是严格的逻辑性演绎；也就是说，即使能够成为找到嫌疑人的"旁证"，也不可能成为"确定罪行"的主证。因此，需要十分注意不要陷入诡辩，同时也要注意避免"逻辑上的跳跃"。比如下面这个例子。

A："我想当海员，但是我不会游泳。"

B："没关系，我爸爸是飞行员，但他也不会在空中飞翔。"

这组对话实际上是无用的类比，把类比扩大化了。这里有两处"逻辑上的跳跃"。

首先，A说的"海员必须会游泳"这个前提未必正确。这是由"游泳运动员必须会游泳"这个基础领域类比而来，但这两者从根本上来说完全不同。因为海员这个职业本身要求的直接技能与间接技能（最好会游泳）原本就是不同的。

其次，B的话语中也存在"逻辑上的跳跃"。这是由大海与天空类比而来。

从人类是否具备这项能力来看，"游泳"与"在空中飞翔"是完全不同的，把这两者放在一起比较是非常可笑的。

这样的无用类比实际上很常见。

类比和诡辩只有一纸之隔

类比是一把双刃剑，弄错一步就会变为诡辩或者引发误解，一定要注意。

在第2章我们讲过，进行类比重要的是把两个领域（基础领域与目标领域）的共通点和不同点恰当地区分开。这里出现错误的话，推导出的结论就是错的。前文所说的化妆品的例子就是"过度概括"的错误类比。

不限于此，类比变成诡辩也是因为过度概括，或者是抽象出的共通点与想要推导的内容关联性很小。就化妆品的例子而言，大家都会认为眼睛、鼻子及耳朵的数量与购买行为几乎不存在因果关系。

有助于立假说，但没有得到验证

类比有助于设立大胆的假说，但验证假说就需要其他手段。请看图6-8。

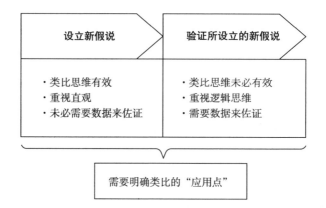

图6-8　假说验证需要其他手段

如第 2 章所述，类比是"溯因推理"，所以在工作中做各种决策时分为两个阶段，即设立假说和验证假说。在设立假说阶段，类比的作用特别大，但仅靠类比就得出结论是非常危险的，验证假说时需要充分利用数据进行逻辑印证。

对全新的事物束手无策

类比的另一个局限是，在任何人都未曾体验过的全新领域很难通用。例如，梅田望夫在《网络进化论》中说明新登场的网络领域与现实领域的不同时，介绍了物理学家理查德·菲利普·费曼关于牛顿力学和量子力学在本质上有所不同的解释：

理查德·菲利普·费曼一再叮嘱学习牛顿力学的学生，让他们牢记量子力学所涉及的对象与"以前见过的某种东西不相似"，不许由牛顿力学类比理解。

梅田望夫这段表述告诉人们"类比也有无法应用的领域"，这正是强调了类比的作用。

除此之外，追溯科学史也会发现，达尔文的进化论、爱因斯坦的相对论等变革性想法在最初公布时，普通人之所以很难理解，最大的原因是"没有相似领域"，即类比无法发挥作用。

但是，即便是这种时候，从"出现全新的概念要怎么办呢？"这个角度来考虑的话，共通点还是有很多。无论是何等全新领域，局部可以活用类比的情况都有很多。

无论什么事情，对于"盲目相信"和"全盘否定"最好还是要质疑一下。关于这一点，类比也不例外。类比可能会因为用于诡辩而遭人厌恶，但只要恰当运用，就没有比类比更强大的武器了。

真正拥有类比思维后，你会惊叹："不过是类比而已！不愧是类比！"

小结

▶创意丰富的人不仅拥有多样的知识和经验，也拥有把它们与相关领域进行关联的能力，这正是类比思维。

▶为了能活用类比，把所有的现象进行关联思考非常重要，因此需要时刻"架好接收天线"。

▶要锻炼类比思维所需的抽象化思维能力，智力游戏是非常有效的工具。重要的是不让智力游戏仅仅作为一种游戏，而要将其与实际生活进行关联。

▶类比不是严格的逻辑性演绎，所以需要谨防武断地将其用于诡辩，因此弄清共通点与不同点非常重要。

后　记

　　阅读本书，最大的挑战是理解"抽象化""构造"这样的抽象概念。

　　从这个意义上来说，本书写得最辛苦、最想传达的是第 3 章和第 4 章。

　　让大家对抽象概念感兴趣真的非常难。在演讲中和在大学的讨论课上，从具体的讲述刚一转到抽象的内容就会发现不少人听得昏昏欲睡。前面的浅显易懂的、激发兴趣的讲述只不过是开场白。

　　具体的讲述确实当场就能给人留下印象，而且易懂。但只是这样的话，就只能是"听一知一"，没有进步。"易懂"与"真正想表达的"之间的鸿沟一直困扰着笔者。

类比思维入门简单，其实出奇地深奥。笔者在本书的写作过程中深切体会到这一点。正如本书反复强调的那样，类比是与人的思考及智慧本身密切相关的。本书所涉及的"何谓抽象化？""何谓类比？"这样的问题，实际上也是许多哲学家及数学家一直在埋头研究的深奥问题，不是笔者能轻易阐明的。

虽然十分清楚这一点，但还是硬要探讨这个深奥的主题是因为，想要告诉读者们，类比充满无限乐趣并且对工作和日常生活非常有用。

笔者的"类比之旅"才刚刚开始。比如，原本在书中想进一步介绍作为抽象化思维训练工具的智力测试及类比练习题，之前也想进一步研究开发新产品及工作模板的具体事例和方法论。这些将是笔者今后的研究主题。

本书是把在 *Think!* 上发表的《新创意的类比思维》进行大幅删改，并根据之后多达十几次的研讨会的结果完成的。从 *Think!* 报道的策划阶段开始，从单行本的着手到完成，在长达两年多的时间里得到了东洋经济新报社的大贯英范、藤安美奈子、齐藤宏轨三位工作人员的诸多支持与建议，在此深表谢意！

此外，关于本书的创作，QUNIE 株式会社的同事们也带给笔者各种启发，并且提供了许多建议，在此深表谢意。

最后向一直作为笔者精神支柱的家人说声——谢谢！

学会创新：创新思维过程与方法

【英】罗德·贾金斯（Rod Judkins）　著

肖璐然　译

乔布斯、特斯拉、斯皮尔伯格、萨缪尔森等大师的思维秘密

全球著名创意中心中央圣马丁学院的经典创新思维课

仅英国就销售超 10 万册，被译成 15 种语言畅销全球

　　《学会创新》是训练和培养创新思维的极佳读物。全球著名创意中心中央圣马丁学院著名的创造力导师罗德·贾金斯，在本书中研究了乔布斯、特斯拉、斯皮尔伯格、萨缪尔森、香奈儿、费曼等创造力大师是如何思考的。他将他们的思考方式提炼出来，并用很多案例来帮助读者掌握创新思维的方法和技巧。

　　随着人工智能、大数据等技术的发展，创新思维将成为未来生存必备技能。学习本书中的思维方式，将大幅提升你的创新力，助你从容面对未来。

创造力觉醒

【美】娜塔莉·尼克松（Natalie Nixon） 著

张凌燕 译

刻意练习你的直觉、好奇心和即兴创作力
提升"创造商"，赢在创新力

创造力是一切创新的源泉。本书指出，创造力是人与生俱来的能力，但很多时候都被埋没了，需要唤醒和激活。作者娜塔莉·尼克松采访了来自各行各业的 56 位创新者，深度研究了创造力在人们的工作中是如何被激发并起作用的。她发现，创造力是介于奇想和严谨之间的动态张力。当人们在奇想和严谨这两种状态间来回切换时，最容易产出全新的价值和富有变革性的成果。尼克松还介绍了如何依靠提问、即兴和直觉，增强严谨与奇想的能力，提高"创造商"，增强个人与组织的创新竞争力。

本书将创新的洞见与个人和企业的创新故事结合起来，适合想提高创造力、增强创新竞争力的组织和个人阅读。